JN133881

ある物理学者の回想

――湯川秀樹と長い戦後日本

佐藤文隆

青土社

ある物理学者の回想　目次

ある物理学者の回想　湯川秀樹と長い戦後日本

第1章

煮詰まった世紀末

——自伝的回想・序

過去を紙パルプに戻す

さすが八〇歳の声を聞くと自分の過去に目が向くものである。最近は断捨離とかいって、身辺にものを残さないことを美風とする処世訓が横行し、生きてきた証としての書籍や資料に埋もれて至福を味わうなどということは、庶民の財力では不可能になっている。確かに、それらを大切に思う本人がマネージしている間はいいとしても、没後に残された近親者の困惑を考えると、各人各人が他人に迷惑をかけないように身を処するのが肝要と心得る一般市民としては、せっせと過去を処分してあの世に旅立たなければ無責任であろうという脅迫を感じている。そんな庶民感覚をモノともしない御仁がおられることは承知しているが、自己完結的に迷惑を自己回収して終わるのが民主主義社会のやり方とも思っている。

二一世紀のデジタル時代に入ってからの生きた痕跡の形態は、それまでの紙媒体の資料から大きく変貌するであろうが、私の生きた時代の痕跡は圧倒的にまだ紙文化の中にあった。そういう訳で町内の定例の資源ゴミ回収日に合わせて、近所を気にして少しずつ自分の過去をパルプ原料に還元していく作業を繰り返しているのだが、この過去を捨てる作業が過去に目を向かせ、脳裏に過去をよみがえらせる作業にもなっている。

大学生活五五年の堆積物

私は一九六〇年に京都大学の大学院に入って理論物理学を専攻して研究者、大学教員の途を歩みはじめた。そして、世紀の変わり目の二〇〇一年三月に京大を退官し、その後、二〇一四年三月まで神戸市の甲南大学にお世話になった。院生、助手、助教授、教授の時代の職場は生存資料保管庫でもあり、京大在職中は北白川のキャンパス内を移動するばかりだったので、断捨離に迫られる機会もなく、退官までには結構な物持ちになっていた。当時の同僚でも、ファイリングキャビネットに収容する以外の資料は一切残さない整理魔もいたが、私はいつかゆっくり見直す時期があるかもしれないという淡い希望ですぐには捨てずに横積みにして残し、その時々の倒壊時に堆積可能な限度に縮減するという方式であった。

京大で部屋を明け渡す時も、甲南大学に大きな部屋を頂いたのであまり整理せずそのまま岡本の校舎に運び込み、こうして大学勤め五五年の長きにわたる堆積物の山を見ることになった。そしてついにその部屋も明け渡す段になって、先延ばしにしていた心地よい人生の衣が一夜にして膨大な紙ゴミの山に転化するさまは、恰も貴重な核燃料が一夜にして核ゴミに転化したようなものだった。

物理学や宇宙科学関係の書籍、資料、個人で購読していた海外雑誌などはここで廃棄した。整理するにしても、何処かで本来の価値で役にたっていると思えば、パルプになるよりも心の安らぎであるから、タダでいいから引き取り先がないか探ったが、どうも時代も悪かったらしい。業者にきてもらったこともあるが、理工系の学術雑誌のオンライン化が進行中で、機関相手のバックナンバー市場はほぼ消滅していた。専門の書籍についても最近の研究者は論文以外に興味を示さないから、紙図書充実などは機関の図書室の目的にはなく、不安定な個人相手のネット市場しかないから、引きとっても倉庫代の値もつかない様子だった。

こうして生きてきた証の資料たちの行く先は紙パルプしかなく、さらに紙ゴミの回収は有料なのである。それは大学が面倒を見てくれたが、自分の職業生活を支える心地よい衣のような存在であったもの達が、大きなバキュームカーの尻に呑み込まれていく様子を見るのは身に痛みを感じるように辛いことで、たまたま依頼されたコラムにその無念さを書いたことがある。[*1]

知的生活の堆積物

一方、自宅の方にも資料は堆積していった。子供達が独立して空いた部屋が徐々に書籍でいっぱいになった。先述のように専門の資料を大方廃棄した際に自宅に退避させたものも少しあるが、大半はモノ書きとしてあちこちから御寄贈頂くものによる増加である。さらにネットショップが便利になって書籍購入が増えたこともある。特に円高の時期などは海外の書籍が安く買えるのが嬉しく、オッペンハイマー伝記はもう一〇冊以上になる。若い時に海外書に手が出なかった世代の哀しい性かもしれない。また*Nature*や*Science*といった週刊誌を購読していると、新刊紹介欄に気が引かれてついネットで買ってしまうのも増加の一因でもある。そこに来て、先日の大阪北部地震で自宅も結構揺さぶられたりすると、堆積する紙の山が凶器に見え、紙パルプ化が急がされる気にもなる。

紙パルプに転じるもの達へのせめてもの供養に、消去される資料が想起させる過去の一端を文章化してみようと思う。私小説的に私の人生などを語っても誰も興味を持ってくれないと思うので、研究者生活、学者生活という社会の一角から見えた時代の自伝的な回想を中心に書いてみたいと思っている。そこに誘われていった子供時代についても触れるが、これまでも伝記的なものは書いたことはあり、[*2] また研究史は『天文月報』(天文学会)に載るインタビューを受けているので、新たな側面も記してみたい。

＊1　「こみあげる思い」、『究』(ミネルヴァ書房)二〇一五年四月、コラム書物逍遥。

＊2　『孤独になったアインシュタイン』(岩波ジュニア新書)、『宇宙物理への道』(岩波ジュニア新書)、『破られた対称性』(PHPサイエンスワールド新書)第5、第6章、『読書のすすめ』(第五集)(岩波文庫編集部編)所載「やまびこ学校から職業としての学問まで」、『親と先生にはないしょの話1』(フレーベル館)所載「私の戦争」などがあり、一部は重複する。

煮詰まった二〇世紀末

世紀末から二〇年あまり、研究や大学の状況は激変のようである。最近のように研究費で雇用できると研究現場を離れる年齢はバラバラになるが、自分たちの世代までは一斉に現場を離れる〝切り替え〟を前提で生きていた。だから「激変」直前に抜けた隠居には〝われ関せず〟なのだが、「激動」最中の世代が前の世代をどう見ているかには気になる面もある。

養老孟司の「煮詰まった時代をひらく」(『現代思想』二〇一八年一月号)の標題の〝煮詰まった〟は「いただき！」と思った。多分、同学年だから言葉への感覚が似ているだけなのかも知れないが、〝煮詰まった〟には熟議が煮詰まったようなポジティブな光景もあるが、もう〝煮詰まった〟頃合いに鍋を下ろせず、具を足して台無しにするような、手詰まりの光景も想起させ、どこか「激動」の現在に重なるのである。新天地のない有限の世界では〝始める〟より〝終わる〟ほうが難しいのだ。

古くは修養の営みであった学問研究が、一九世紀末より産業や軍事に組み込まれた『職業としての科学』(拙著、岩波新書)として拡大した。そして、第一次・第二次産業への貢献が次第に飽和し、行き場を失ったマネーは芸能、スポーツ、観光、健康、医療などに投資され、ついには研究という営みがその成果だけでなくそれ自体を消費する社会に向かうのかも知れない。学問は産業の埒外にあってそれを論ずるのではなく、第三次産業のプレーヤーとして文化界で他とシェアを取り合う時代になるのかという妄想も去来する。[*3]

京都大学創立一〇〇年の頃

世紀転換期、シニアな科学者として多くの「記念事業」に遭遇し、何かが去り、何かが到来する躍動感を味わった。[*4]一九九七年は京都大学創立一〇〇周年で、井村裕夫総長のもとで様々な企画が挙行された。大学院重点化や独立研究科創設が行われた井村体制下で理学部長（一九九三―九五）を務めるなど大学行政にも関与し、部局長経験者の一員として一〇〇周年事業でも寄付集めの企業回りなどに動員された。さらに一一月一―三日の記念イベント（音楽会、式典・祝賀会、講演会・シンポジウム）ではシンポジウムの司会役を務めた。この一〇〇周年祝宴の気分も冷めやらぬ

＊3　佐藤『科学者の将来』（岩波書店）第II章で科学の異なった扱われ方の未来国A、B、Cを描いたが、Cでは研究はプロスポーツのような興行ものである。

＊4　一九九七年一一月三日午前の記念講演会の演者は社会理論家ユルゲン・ハーバーマスと分子生物学者シドニー・ブレンナーであり、本庶佑が司会した。同日午後のシンポジウムはパネリスト藤沢令夫、森嶋通夫、廣中平祐、利根川進、討論者佐藤幸治、紀平英作、若手研究者三名、司会佐藤文隆。会場は京都テレサホール、参加者午前九〇二名、午後九七二名の参加者。岩波ブックレット四五七『知を創造する――新世紀の大学とは』はこの記録。

一一月一四、一五日には、次期総長の選挙が行われ、本人にその感覚もないまま、長尾真と決戦投票までもつれこんで落選した。[*5] 情報科学の長尾とは実は一年半ほど前から岩波書店の『科学／技術と人間』の編集委員として何度かお会いしていた。[*6] その頃に社長になる大塚信一が間にいた。

湯川秀樹の顕彰

翌一九九八年秋、海外から多くの研究者を招待して私の還暦記念の国際集会をした。この辺りから研究の現場を離れた後のことを考えるようになったが、そんな一九九九年に入って間もなく、湯川秀樹のノーベル賞五〇周年記念行事はあるのかという問い合わせを聞くようになった。湯川記念財団の役員をしていたからもあるし、馴染みの記者との話題でも気づかされた。翌二〇〇〇年秋からの日本人のノーベル賞ラッシュの直前であり、まだノーベル賞が希少資源だったからか、世間の関心とのギャップを感じたものである。

湯川周辺の研究界では、一九八五年に国際会議「中間子論50」を開催した。ファインマンもガン兆候をおして来日したのを見てさすがユカワの威力だと思った。弟子たちが寄付をして、中間子論文時に住んでいた西宮市に記念碑を建立する記念事業もあった。「中間子論50」を準備したのは私よりひと世代上の人たちであり、彼らにはこれで湯川顕彰はし終わったとして、年譜を見て次の顕彰の機会などに気を回す人がいないまま十数年の時が経過していたのである。

存命の時は、業績の顕彰にあたっても、人間湯川の顕彰はないわけで、そのはじめが追悼行事のパネル制作だった。あの時は突貫作業で、正直いって湯川の伝記や文章を斜めに読んで急いで制作したものだが、まあまあの出来だったと思う。全体像はやはり逝去後にかたちをなすもので、一九八九年から翌年にかけて『湯川秀樹著作集』[*7]が刊行された。本書では随所で湯川の経歴の全体像を前提にして話が進むので、本章の末尾にはこれらを参考にして経歴の概略を記しておく。

*5　学長選出も国立大学法人化後に変わったが、旧方式の一九九七年京大学長選の様子を記しておく。六年にわたる井村総長の任期が一二月一五日に迫った一一月一四、一五日の金土にかけて次期総長の選挙があった。まず金曜日は全教授を候補者にして、助手を含む全教員が選挙人で二名連記の投票で上位一五人を第一次候補者として公示する（票数なし、五〇音順）。この時の有権者は二八八一名、投票総数一五六四（郵送七九含め）であった。

土曜日午前にこの一五名の候補者名簿をもとに、教授と助教授を選挙人とする単記の第二次投票が行われ、第三次投票候補として上位三名を得票順で公示する。この時の有資格者数は一七一八名で、第二次の投票数は八七二（無効票含む）であった。この日の午後に過半数獲得が出るまで選挙を行う。この時の経過は次のようであった：二次投票結果長尾真一八一／佐藤文隆一四三／本庶佑一〇〇／四位七五（有効投票数八六八）、三次投票結果：長尾四〇二／佐藤三二五／本庶一七九（有効投票数九〇八）、四次投票結果：長尾四三九／佐藤三九五（有効投票数八三九）。この時、長尾は工学部長、本庶は医学部長、佐藤は前前理学部長である。

*6　岩波講座『科学／技術と人間』全一二巻は、編集委員が岡田節人、佐藤文隆、竹内啓、長尾真、中村雄二郎、村上陽一郎、吉川弘之で、一九九九年に刊行されたたが、編集委員の会合は一九九六年中頃から一九九八年にかけてあった。物質の科学に続くバイオサイエンスと情報技術の興隆を見据えた、新世紀の転換期へのビジョンを目指した企画といえる。

*7　岩波書店刊行のこの『著作集』各巻の編者は、佐藤、位田正邦、田中正、牧二郎、豊田利幸、小川環樹、加藤周一、渡辺慧、谷川安孝、河辺六男。

二〇世紀後半の素粒子物理学

湯川が京大在職中に開いた国際会議「中間子論30」から「中間子論50」までの間、湯川も創始者の一人である素粒子物理学は最終成功の絶頂期を迎え、それと同時にそのフィナーレをどう次につなぐかの混迷期にさしかかっていた。一九七四年の実験での四番目のクオークの発見は、湯川から始まる素粒子相互作用の理論をめぐる百家鳴争に終止符をうつ画期となった。ハドロンのひも理論のように相互作用の理論はQEDのような場の量子論を超えたものかも知れないという予測も流行しつつあったが、加速器の威力を見せた七四年クオーク革命はいくつかの実験結果によって、QEDと同様に、弱い相互作用でも強い相互作用でも、ゲージ場の量子論というスッキリした統一的視点を完成させ、「標準理論」と呼ばれる状況が生まれた。一九七八年に東京で開かれた素粒子物理学の大きな国際会議での南部陽一郎の結語演説はそれを象徴するものであった。

研究経費の爆発と国民国家の一翼

それこそ第二次大戦で原爆やレーダーへの貢献もあって、従来から見れば破格の巨費を要する加速器によって高エネルギー物理学は急伸長し、そして確実に結果を出した。しかしこの大事業成就の背後で従来の研究という概念を変更するような研究者社会の変容が進行した。もともと各個人の主体的な営みと見なされていた基礎科学の研究の世界に、新たに大組織体による計画的事業のスタイルが特に高エネルギー物理や宇宙科学の研究界において定着したのだ。基礎科学に巨額な国費が投じられるという、昨今の科学界から見ると不思議な光景があったのである。何しろ米原子力委員会は原水爆開発と高エネルギー物理を同じ財布で扱っていた時代だから、「基礎科学にこんな大金！」などという問いは発生しなかった。

これは米国の特殊事情でもあったが、米が引っ張り他はそれに追いつけ路線でこの基礎科学は世界中で規模拡大をし、その成果である「標準理論」の威光でそれを維持しようとした。こうしたユーホリア状態の終焉が冷戦崩壊で訪れたのであった。今世紀に入ってからこの魅力的な科学のテーマに興味を持った人たちにはこんなシナリオは破茶滅茶に聞こえるかもしれないが、これが拙著『科学と幸福』[*8]の論点である。前世紀末あたりから、私の関心は研究そのものだけでなく、研究の動向に伴う研究者集団の再編、財政や政策を通じての国家との関わり、さらには国民国家の一翼としての教育や社会文化との関わり、こういった科学を取り囲む大きな課題にも移っていった。

＊8　『科学と幸福』は当初「21世紀問題群ブックス」（全二四冊）の企画で一九九五年に出版され、二〇〇〇年に岩波現代文庫に上梓された。

「標準理論」達成とプロジェクトの終焉、その内部の問題

この論点には後ほど戻るとして、ここでは先にふれた「中間子論50」当時に戻ろう。標準理論の証拠固めは全て順調に進み、実験と理論でのノーベル賞顕彰作業も進み、世間的には絶頂期を迎えたのだが、冷静に考えれば当然なのだが、これは一つの大事業の終焉であり、その内部では混迷の始まりでもあった。基礎科学のテーマとして宇宙物理や量子重力の課題に引き継がれたともいえるが、この課題は次々と実験手段を高度化・巨大化して力づくで短期に解決に持っていく高エネルギー物理の手法は通用せず、金を出せばいいというものではない。日本では加速器時代の後にカミオカンデのようなダウンサイズの実験で世界をリードしたので、この業界の激変を見ていないが、SSC（超伝導超大型加速器）中止後の米国では環境激変であった。

こうなると、標準理論完成の大偉業に貢献した大部隊の誇り高い戦士たちの身の振り方が問題になっていく。継続課題があるとはいえ、普通のサイズへと組織転換をする必要があった。特に、湯川・朝永の国際的栄光が国内にもたらした素粒子物理学の研究者の他国を圧するサイズは確かに「小林・益川」やニュートリノ実験にノーベル賞をもたらし、結果を出してきた。湯川プロジェクト成就への日本の貢献は眼を見張るものがあっただけに、その「終焉」の先の湯川・朝永のレガシーの受け継ぎ方の再定義が注意深くなされる必要があったのだ。私は「坊主か？　職人

か？」と題した文章で、[*9]理論家は素粒子や宇宙といった「階層」の専門家ではなく「階層横断的な理論物理の新概念や数理的手法」の専門家への再定義が必要と唱えた。

「湯川・朝永生誕一〇〇年記念」事業

話を再び「湯川ノーベル賞五〇周年記念」に戻すと、湯川顕彰は自分が動かないと始まらないと気づかされた一件だった。当時、所長をしていた益川敏英と相談し、長尾総長にも出席してもらって、急遽「湯川ノーベル賞五〇周年」の講演会を開催した。[*10]そしてこの時を機に生誕一〇〇年に向けた準備が私の頭の中で始動した。

間もなく二〇〇一年三月末に定年退職で甲南大学に移ったが、湯川記念財団の理事長になったので湯川顕彰には責任ある立場になった。主体的に考えるようになり、まず湯川と同級であった朝永振一郎と同時の顕彰を目指すことにして、大阪大、筑波大、理化学研究所、仁科記念財団を回って同意を取り付けた。共通の展示物を作って各地を巡回する展覧会を企画し、その時期に合わせて各大学で記念の行事を独自に行うこととした。企画展は上野の国立科学博物館を皮切りに

＊9　『科学』（岩波書店）、一九九四年五月号巻頭言。本章＊8の『科学と幸福』第4章でも論じている。
＊10　『素粒子論研究』一〇三巻（二〇〇一年）六号掲載の田中正「湯川博士の物理学」を参照（J-STAGEで閲覧可）。

全国一五カ所で開催することができ、一定の社会的な反響を得ることができた。日本でのノーベル賞ラッシュが始まって世間の湯川への注目度も増し、顕彰を行う者にとっては好状況であったが、二〇〇八年の南部と小林・益川ノーベル賞が「湯川・朝永生誕一〇〇年」事業のタイミングに間に合わなかったのは残念だった。[*11]

またユネスコが決議したアインシュタインの奇跡の年である一九〇五年以来一〇〇周年にあたる二〇〇五年の「世界物理年２００５」も、前段階に織り込むこともできた。一九五〇年代には核物理学の中で沈没したかたちのアインシュタインであったが、二〇世紀を通してみれば、やはり一等賞だったということだった。私はこの「世界物理年」の関連で二七回講演などをしたが、内容は「アインシュタインの四つの顔」[*12]を骨子にした。

湯川を時間軸にした生涯

私は狭義の湯川研出身でなく、具体的な研究面で指導を受ける世代でもないので、それまでは先輩たちに呼び出されて働く姿勢だったが、その時期が過ぎたことを悟った。湯川ノーベル賞でできた基礎物理学研究所で一五年過ごし所長もつとめた。私が大学院で指導を受けた林忠四郎も湯川研から分家した研究室であり、はるかに過去を振り返れば山形県の田舎くんだりから親戚筋もない京都まで私を引き寄せたのも湯川であった。本書冒頭に書いたように、心地よい衣のような書籍の山を廃棄する慚愧の念がこの回想を書き出すきっかけとなったのだが、執筆を構想しだすと、「本の虫」になったことを含め、自分の生涯が湯川の存在抜きでは考えられないことに改めて気付かされている。二〇世紀が少し離れて見えるようになった現在、湯川秀樹、アインシュタイン、オッペンハイマー、朝永振一郎、原水爆、「ビキニ」、原潜、原発、相対論、量子力学、宇宙線、素粒子物理、宇宙物理、ビッグバン、ブラックホール、ニュートリノ、巨費科学……などの物理学のアイコンが次々と自分の身辺に立ち現れた物語の回想を始めたいと思う。

湯川秀樹の経歴

湯川秀樹（一九〇七―一九八一）は地理学の京大教授小川琢治の三男として京都で育つ。長男芳樹は冶金学の東大教授、二男（貝塚）茂樹と四男環樹は漢学の京大教授の学者一家だが、五男茂樹は徴兵で戦没した。朝永振一郎（一九〇六―一九七九）は西洋哲学の京大教授朝永三十郎の長男で、三高と京大で湯川の同級生として物理学を学ぶ。一九二五年頃に欧州で誕生した量子力学に惹かれ、一九二九年の卒業後も大学に残る。一九三一年に朝永は仁科芳雄に勧誘されて理化学研究所に移り、湯川は一九三三年に創設された大阪大学の教員として量子力学を講義する。また一九三二年、大阪の湯川医院の三女スミと結婚し湯川姓となる。

＊11　佐藤文隆編『新編　素粒子の世界を拓く――湯川・朝永から南部・小林・益川へ』（京都大学学術出版会、初版二〇〇六年、新版二〇〇八年）

＊12　『佐藤文隆先生の量子論』（講談社ブルーバックス）終章を参照。

一九三四年に中間子論を学会発表、英文論文は一九三五年。一九三七年に予言された質量の素粒子が海外の実験で発見され、ユカワの名は世界に広まった。一九三九年に京都大学教授、秋にソルベー会議に招待されて初外遊するも、欧州大戦勃発で中止となり、米国経由で帰国の際にアインシュタインらの多数の物理学者を訪ねる。敗戦直後の一九四八年オッペンハイマーの招聘で米国にわたり、一九五三年まで米国に滞在。その間一九四九年にノーベル物理学賞を受賞。日本初の受賞を記念して京大に基礎物理学研究所が創設され、その所長として一九五三年に帰国。所長として全国共同利用研究所という新しい制度を主導し、天体核物理や生物物理などの物理学の新領域への展開を奨励した。一九六五年の中間子論三〇年記念の国際会議「中間子論30」を開催、素領域理論を提出した。

一九五〇年代米ソ冷戦は激化し、原水爆実験が繰り返され、核ミサイルの配備がグローバルに進行した。湯川は人類絶滅の危機を訴えるラッセル・アインシュタイン声明（一九五五）に署名し、朝永とともに、核兵器廃止のパグオッシュ運動に尽力した。

一九七〇年京大退職後も著名人とのテレビ対談番組など、旺盛な文化活動をしていた。一九七五年のガン手術後に体力が衰えるも、京都で開催されたパグオッシュの会議に車椅子で参加して核廃棄を訴える姿は多くの国民に強烈な印象を残した。しかし、湯川のトータルな姿を見えにくくした最期であったと思う。体調は回復することなく一九八一年夏に七四歳で逝去した。

朝永は、一九四一年に理研から東京文理科大学（後の東京教育大。筑波大）教授に移籍し、戦後は量子電磁気学ＱＥＤのくりこみ理論を展開し、また大学にとらわれない東京地域の若手研究者を惹きつけた朝永セミナーを主催し、多数の研究者を育てた。一九五六年東京教育大学学長、一九六三年日本学術会議会長の要職を務めた。一九六五年にはＱＥＤの業績でノーベル物理学賞を受賞した。喉頭癌におかされ一九七九年に逝去した。

第 2 章

昭和新開地の駅前で

——明日を待ちわびる時代に

「山形県のどこ？」

一九九五年一一月に、今は大型遊園地ＵＳＪになっている大阪桜島にあった造船所で、日本が世界に誇る大型天体望遠鏡「すばる」の架台を関係者にお披露目する会があった。[*1] そこでお会いした国立天文台の元台長の古在由秀から藪から棒に「佐藤さん山形県のどこだっけ？」と問われた。お付き合いのある人の出身県ぐらいは関心を持つが、自分と関係ない地域ならそれ以上細かい住所に話が及ぶことはない。天文学界の重鎮である先生とは長い付き合いであったが、そんなことを話題することはなかった。この時この問いかけがあった鍵は実はこの年が戦後五〇年であったことにある。第二次世界大戦の終戦時に一高（旧制第一高等学校、現在は東大に吸収）の生徒たちが山形県の田舎に集団疎開した終戦秘話が半世紀という節目の年に想起されたのである。

終戦秘話――一高生の逃避行

この対話があった翌年四月、先生から次のような手紙を頂いた。

佐藤文隆様
拝啓　花冷えという天候が続いていていましたが、お変わりないことと思います。
さて、桜島で「すばる」の架台のおひろめのあった時お話ししました、昭和二〇年に鮎貝村に行った一件、一高の同窓会雑誌にその時の記録がのりましたので、おおくりします。多分、ご存知の方の名前が出ていることと思います。
以上、用件のみ、お元気で
四月一七日　　古在由秀

＊1　「すばる」望遠鏡は心臓部の巨大な反射鏡とそれを支える架台から成る。架台は大阪近郊の三菱機械で製造された。口径八メートルの巨大反射鏡の重量を支えて、精度よく天体をスムーズに追尾する架台の開発製造は日本でなされたが、巨大反射鏡は日本では製造できず、米国東岸の工場で製造され、パナマ運河を通ってハワイ島マウナケア山に運ばれた。架台は大阪桜島の造船所の格納庫で組立てて性能テストをして完成し、一九九五年に関係者に披露の後に一般に一週間ほどの公開された。その後、分解されて運搬され、ハワイ山頂で再度組み立てられて一九九九年に全体が完成した。

同封してあった一高同窓会発行の雑誌『向陵』をみると、終戦時に一高一年生の一部が山形県の田舎に一時疎開した当時の状況と、節目の五〇年目（一九九五年）の九月末にOBたちがそこを集団で再訪した記録が掲載されていた。[*2] 古在自身は再訪ツアーの案内を受け取ったもののツアーには参加しなかったが、「案内」を受け取って「終戦秘話」を思い起こして、大阪でお会いした時の「山形県のどこ？」の問いかけにつながったようだ。

飯野徹雄「鮎貝耕記」

一九四五年夏、一高理科乙類の一年生約六〇人を、山形県鮎貝村深山に疎開させて晴耕雨読の勤労動員に当てる計画を学校当局が企画した。[*3] ところが本隊出発の直前に終戦となり、動揺もあったが、予定どおりの実行となり、八月一七日に鮎貝駅に到着し、先遣隊の教員に迎えられた。後に植物学の東大教授となる生徒の一人飯野徹雄は、当時、八月一七日から九月二〇日までの一部始終を「鮎貝耕記」という日記に記した。[*2] 初日の書き出しは次のようである。

八月十七日金

昼少し前、僕ら一高生四十数名を乗せた列車が鮎貝駅に着く。いよいよ今からまた一層困難な、しかし希望に充ちた試練の生活が始まるのだ。

駅近くの運送店へ荷物をあずけ村役場へ。

出迎えに来られた菊池（栄二）先生[*4]と植松（正義）さんに導かれ、舗装された幅広い県道を行く。両側には細い水路があり、歳の頃五つくらいの子供達が丸裸になって遊んでいる。食に満ち足りているかの様な子供達の腹の膨らみに、ふと名古屋の田舎へ疎開した、隣家の康広君を思い出す。

我が家は鮎貝駅前

実は当時国民学校初等科二年生の私は、この国鉄鮎貝駅の真ん前に住んでいた。父は製材所を営んでおり、その事務所兼住宅は道路に面し、裏手に工場があった。道路をはさんだ反対側には

＊2　『向陵』第三十八巻第一号（一九九六年四月発行）、廣田芳三「深山玉杯桜（鮎貝村再訪）」（七二―七八頁）、飯野徹雄「鮎貝耕記」（七九―八七頁）、に加えて地元で「再訪」のアレンジをした大貫静子の文章も掲載されている（八八―八九頁）。

＊3　一高生徒の工場奉仕・疎開は文系・理系、語学のクラス分け毎に独立に企画された。ここに登場する理科乙類とはドイツ語クラスであり、疎開先でもその勉強があったようだ。英語クラスの理科甲類は山形県上ノ山市の工場奉仕で終戦時より前から疎開していて、終戦後すぐ引き上げたようであり、学校として一貫した方針はなかったようである。当時、一般的には、志望が工学を含む物理や化学の理工系なら甲類、医学を含むそれ以外の理系なら乙類であった。同学年の小柴昌俊は甲類。

＊4　菊池栄一（一九〇三―一九八六）はドイツ文学者。東大教授、ゲーテ協会会長など歴任。

全国チェーンの運送屋「マル通」の店があり、その横に、当時では珍しいトラックが入る車庫があった。

空襲を避けるためにここまで逃れてきた意識の飯野青年の目には、田舎っぽくない舗装された道路やコンクリートの水路が、食に満ち足りた子供とともに、降り立ってすぐの鮮烈な印象に残ったのであろう。もっとも、この日の日記のこの後に記されているように、彼らが生活する鮎貝村深山の分教場はこの駅前から、役場のある村の中心街を経てさらに四キロほど先であり、そこは「舗装」も「コンクリートの水路」もない、典型的な山間の集落であった。

「米沢の在」の鮎貝村

改めて私の生まれ育った故郷のことを記していくが、現在はそこにかつての我が家の生活の片鱗も残っていない。このことは、我々の世代が生きた戦後社会の変貌の極端さを象徴するものである。

故郷を離れてから「出身地は?」と聞かれたら大体「米沢の在です」と答えていた。何しろ米沢といえば上杉家であり、上杉家には謙信、鷹山と全国版の有名人がいる。上杉家は、江戸幕府ににらまれて越後から会津、米沢へと移封され、さらに石高を半減されるなど、幕府のいじめられ続けた歴史がある。そうした中でも健気に米沢で生き残ったのである。[*5] 倹約、忍従、真面目、地味……といった、上杉家の「有名さ」にはどこか陰がある。「米沢の在です」にはそのイメージを自己に重ねていた面もあったのかも知れない。

ただ「鮎貝」の名には米沢藩以前の歴史があることを後に知った。一九五七年に、かつて鮎貝郷の領主であった者の子孫の鮎貝訪問があったのである。鮎貝家は伊達政宗が米沢を含むこの辺りを平定していった戦国時代に臣従し、江戸幕府の命で伊達が仙台に移封された時に同行し、伊達家一の重臣だったようだ。明治に入っても気仙沼の名家であったようで、この時にやってこられた鮎貝盛益は市長や県会議長をやった名士のようであった。[*6]

鮎貝村に鉄道がやってきた

奥羽本線の支線長井線が終点の荒砥町まで延びたのは一九二三年であった。[*7] 鮎貝駅は終点荒砥

＊5　小野栄『シリーズ藩物語　米沢藩』現代書館。

＊6　明治維新時、鮎貝家の長男は気仙沼の町長となるが、その弟、落合直文（一八六一―一九〇三）と鮎貝槐園（一八六四―一九四六）は各々国文学と朝鮮語学の学者となった。落合の作詞になる楠木正成の桜井の訣別をうたった「青葉茂れる」は敗戦前には国民的愛唱歌であった。二人はまた与謝野鉄幹らと浪漫的近代短歌の運動に取り組んだ歌人であり、そこから与謝野晶子、石川啄木、北原白秋などが輩出された。

＊7　長井線は奥羽線米沢と山形の間の赤湯駅に発する支線。赤湯―長井間は一九一四年に開通、しばらくした一九二二―二三年の工事で荒砥まで延長した。当時は、最上川に沿って左沢まで延線する計画があったが、戦後のモータリゼーションの影響で逆に廃線対象となり、一九八八年からは第三セクター「フラワー長井線」として運営されている。

駅から一つ手前の駅である。この鉄道開通に合わせて、父は深山よりさらに山奥の黒鴨の集落から新開地鮎貝駅前に出てきて、製材所を開業した。遠い先祖からの伝統的山村生活にピリオドを打つ決断は若い父のものであり、祖父はただ追従して出てきたようだ。

鮎貝村は、県南の米沢市あたりに発して酒田市で日本海にそそぐ最上川の比較的上流部に位置し、米沢の北側に広がる大きな盆地の北端に位置する。一九五三年に一町五ケ村が合併して白鷹町となっているが、旧鮎貝村は最上川の西側に広がる盆地と奥羽山脈に連なる山々である。一九五〇年、磐梯朝日国立公園の指定があり、鮎貝駅前広場の光景が一変したのを覚えている。広場には大きな案内板と朝日連峰を模した築庭ができた。戦後の道路網の拡充で現在では鮎貝駅が朝日連峰への登山口という面影は全くなく、鉄道駅が基準であった当時の感覚が偲ばれる。もっとも黒鴨などの古くからの山間の集落は出羽三山信仰の参拝道に位置していたらしい。[*8] 国立公園指定の一件は、戦中には藁人形を突き刺す教練の場であった駅前広場が、敗戦で野球用に子供に解放されたのだが国立公園指定によって再び子供から取り上げられるという激変ぶりだったので、よく覚えている。

新開地——駅前団地

敗戦時から遡って二〇年程前の鉄道開通時に、駅前の田圃の中に突如街が現れた。住人の大半は旅籠屋、金物屋、床屋、下駄屋、鍛冶屋、歯医者、風呂直し、薬・たばこ・塩屋、あんびん餅屋、米つき屋、自転車屋、豆腐屋、時計屋、ゆべし屋、定座(じょうざ)、デンキ屋、洋品店、八百屋、魚屋、そば屋、運送屋、本屋・新聞配達など、いろんな商売を営むお店であり、残りは職人で、専業農家や勤め人は殆どいなかった。移住してきた人たちで開闢した新開地であった。駅から西に一〇〇メートルほど先の十字路で南北に走る県道につながる。ド田舎という先入観で駅に降り立った一高生たちには開闢二〇年目のニュータウンの清楚な光景が目に入ったのであろう。

駅舎、駅長官舎、石炭置き場、貨車引込み線、倉庫、起重機などを含む駅施設の前の広場に隣接して父の「丸文製材所」があった。材木置き場、製材工場、事務所と一緒の広い敷地の一角に住居もあった。終戦後は事務所と住み込み工員用の別棟ができたり、また住居も子供の成長と事業拡張も合わせて、蔵も取り込んだり、何回も無秩序に増改築されていた。

兄弟八人の大家族

私は一九三八年三月二三日に父茂吉(一九〇二―一九六二)と母かね(一九〇三―一九八七)の八人

*8　岩鼻通明『出羽三山　山岳信仰の歴史を歩く』(岩波新書)によると、東国から米沢に入り、大井沢を通過して、湯殿山に至る「道智通り」があった。黒鴨の蔵高院には即身仏のミイラが残っており、孤立した集落でなく、「通り」に位置していたことが伺える。

の子供（女五人と男三人）の七番目の三男坊として育った。「文隆」の名は近衛ブームの痕跡である。[*9] 母は城跡周辺の村の中心街にある旅館の娘だった。父は小学校高等科卒業後、すぐ人を使って商売を始めているが、父の姉は上級学校に進み教師となり、弟の傳吉は東北帝大卒業で文部官僚になっている。当時の田舎では高学歴の途を歩んだ。その傳吉は本省勤務後に大連での高等商業学校勤務中に感染症で病死したので、私の記憶にはない。[*10] 伯母の夫は戦後すぐに校長から村長になり、私の学童時代、伯母は村長夫人だった。しばしば我が家にもやってきて、弟である父を「モキチー」と呼び捨てにするので、怖い父にも上がいることに子供達は溜飲を下げていた。母はこの高学歴で、村で公的にも活躍していた伯母が苦手のようだった。また物心ついた頃には祖父母は没していた。

国民学校入学

隣近所にはいろいろな年齢の子供達が大勢いた。また駅舎と材木置場となる引込み線に付随して広い空き地があり、そこが遊びの場だった。夏には少し足をのばして最上川の河原まで泳ぎに行くのだが、ひと夏に村で一人くらい水死していた。冬には近くの「ヘビ山」でスキーをした。雨でなければ、外で夕方まで遊んで過ごすのだが、とくに熱中するものはなかった。

戦争末期、駅前の子として、戦死して帰ってくる白い小箱をむかえる儀式を頻繁にみた。毎回でてくる役場の人や駐在所のお巡りさんを見ていると何か日常的な行事にみえ、「男は兵隊に行き死ぬのだ」とは悟った。死ぬことに思い悩むほどの精神年齢ではなかったが、歯医者で八重歯を抜く痛い思いをした時には、死ぬことの恐怖を悟った。

私の小学校入学式の日、母は日が重なった兄の中学入学式に行き、私は姉に連れられて登校した。入学式で「ブンリュウ」と呼ばれて立ち上がる機会を逸したこともあり、翌日には学校に行かないとむずかったようだ。

敗戦の日、家の庭先で製材所の人といっしょに玉音放送のラジオを聞いた光景は、今でもおぼえている。意味は分からなかったが、田舎でも世相は急激に変わった。進駐軍の「ガイジン」がジープから降りて空に向けて撃った、はじめて聞く鉄砲の音、運動場を数日でつくり上げた米軍のブルドーザー……。

騒々しい家庭

終戦から数年は戦時中の東京からの疎開者や復員兵たちで田舎はごった返していた。父の商売

＊9　拙著『歴史のなかの科学』（青土社）、第5章「「昭和反動」下の〝科学〟と〝科学的〟」。
＊10　拙著『孤独になったアインシュタイン』（岩波書店）第二部「自学自習のすすめ」で、叔父の佐藤傳吉については一四二頁辺りで、後に登場する「蔵書セット」については一四四頁辺りで、触れている。

は戦災地の復興建築ブームで湧き、そうした人々のカオス状態の中で働き場を提供していた。月給よりは住む場所と食事が望まれた時期でもあり、住み込みで働く人もおり、その飯炊きをするための女中もいた。食事が、一時は、寮生活のように彼らと一緒で、しゃべりだすと収拾がつかないから、食事中の会話は禁止で、終わったら食器を流し台まで運んでいってそのまま解散、といった時期もあった。住居内にもなぜか家族以外の同居人が現れたり消えたり、よく変わり、纏まりのない騒々しい家庭だった。

特需続き

中学生の時に朝鮮戦争が勃発した。この戦争のキーワード「三八度」という緯度を我が村も共有していることもあり、学校のストーブのまわりで、毎日のように戦況についての「おしゃべり」をしていた。戦時特需景気で父の商売も猫の手も借りたいくらいに忙しく、私も動員された。いろいろなサイズの釘を決まった数揃えて布袋に入れる作業だ。それを製材した用材といっしょにパックして出荷する。戦場で「すのこ」を組み立てるキットなのだろう。

この朝鮮特需以上に父の商売を活気づけたのは中学校の校舎建設特需であった。父は三つ四つ請け負ったのではないかと思う。後年、公共事業への批判が高まった時に、中小建設業の比率が日本で異常に高く、ハコモノ公共事業が地方経済を支える姿から脱却できないことが指摘された。

多分、この遠因は「中学校校舎建設特需」にあったと思う。義務教育を中学まで延伸する新学制の実施は敗戦気分を一新する輝く戦後改革の一つであったが、短期間での校舎建設のため、特異な歪みを職業構成に残したのかもしれない。

子供が作業に動員されるのは学校行事でも多かった。復興ブームの用材のため伐採されたハゲ山への植林作業に駆り出され、その苦しさは記憶に残る。また、農作業の繁忙期には、田植え休み、蚕休み、田の草取り休み、稲刈り休みのように学校は休みになった。米作の作業は他家に委託していたが、田んぼは所有しており作業はそこでやった。養蚕はやってないので他家に手伝いに行った。

骨董屋の活躍

一九五〇年代に入った頃から、兄弟は上から次第に同居でなくなり、働く人たちの状態もカオスでなくなり、家は「騒々しい」状態を脱して静穏になるにつれ、自分の境遇が周囲より豊かであることを自覚した。鯉が泳ぐ池のある立派な庭ができ、門構えも一新した。隣接した敷地も買収し、大きくなった土地に事務所と大座敷のある「別館」も建った。大本山永平寺の管長が山形県に勧進にやって来た時、その一行がこの新築の別館に一月近く滞在した。そこに物を届ける役にかり出され、異世界を一瞥する機会にもなった。父は曹洞宗の熱心な檀家で、毎朝、仏壇にお経を上げていた。

敗戦直後、社会変動で困窮した家がさまざまな骨董品などを手放した時代でもある。この頃の父はそれらの買い手であり、骨董屋がよく出入りし、珍物がわが家に増えていくのに心がときめいた。「二十四孝屛風」、掛軸、甲冑、刀剣、虎の毛皮、などの骨董品の他に映写機・フィルムや空気銃というハイカラなものもあった。

ある時仏壇がある部屋の欄間に大きな油絵の肖像画が四枚かかった。祖父、祖母、父の弟それに石原莞爾の四枚であった。たぶん骨董屋の口利きで、疎開で困窮した画家に故人の写真を渡して描かせたものだ。他の調度とも不釣合いなこの油絵肖像画は強く子供心に残った。父の「石原」に対する傾倒については後に記す。

豪華な蔵書セット

そうした父の買い物の一つに蔵書セットがあった。疎開者が手放したものだろうが、部屋の壁を埋め尽くすほどの量で、書棚つきで買って、新築「別館」の洋室に置かれた。本は『平凡社百科事典』や『大言海』といった大辞典、「日本古典文学全集」などの高価なセットの本で、元所有者も換金する基準で持ち出したのだろう。本の内容に対する関心など一切関係ない骨董品「蔵書セット」である。父にとってもまた売りに出す品物であり、子供の教育用などという観念は一切なかったようだ。

実際、他の兄弟は誰も興味を示さなかったが、私にとっては異世界を覗く宝物になった。本はみな大きくて重く、その部屋内でくくって見た。『玉川児童百科事典』という色刷り図版の豊富な本などから、言葉を漁って好奇心が広がった。流酸紙で保護された全頁大のカラーの細密画もあった。読めるわけはないが挿絵が多くある『南総里見八犬伝』[*11]などにあれこれ想像をめぐらした。すでに書いたことがあるが、この部屋での異世界との出会いが、私の精神世界の拡大に大きく作用した。人生に影響したといっても過言ではないと思っている。

東京見物

こうした、当時の田舎の環境では特異な体験は、父の商売のバブル状態のなせる技とも言えるが、この仮想世界の体験だけでなく、この頃、現実世界でも東京見物という強烈な体験をした。当時、商売で東京とも取引があったのか、杉並区浜田山駅から歩ける今なら一等地に、木材も大

＊11　佐藤文隆「『山びこ学校』の頃から『職業としての学問』まで」、『読書のすすめ』（第五集）岩波文庫編集部編。一九五一年に出版され、その後、映画化もされた無着成恭『山びこ学校』の舞台である山元村（現上山市）は山を挟んで白鷹町の東側に位置し、そこによく登場する虚空蔵山は白鷹山のことである。また生活綴り方を書いた生徒たちは我々の学年とほぼ同じであるようだ。

工も鮎貝から送って、父は住居を新築したのだ。そこに海軍あがりで商社勤務のW家が入居すると同時に、我々家族や商売での東京滞在の拠点になった。

さっそく、自分で希望したわけではないが、冬休みに、上京する他人に連れられて東京に行った。W家は食事・寝泊まりの世話だけでなく、東京育ちのW家の女子高校生が東京を案内してくれた。上野動物園、交通博物館、靖国神社、二重橋、銀座、といった名所を見てまわった様子が小型写真で残っているが、着ている洒落たオーバーは自分のものではなくW家のもののようだ。

このような、家族一緒でなく、一人だけ他に預けられての旅行は他にも多く経験した。蔵王の山の家に一カ月の合宿で初めて一人になり、ものすごく家が恋しくなったのを憶えている。また、近所の家族に預けられて、日本海沿岸の鼠ケ関で二回ほど夏を過ごしたり、母の湯治に一人だけ同行したりしたが、家族旅行は一度もなかった。

自分の想像世界を豊かに

「蔵書セット」や「東京」といった特異な経験だけでなく、学校が組織した白鷹山や朝日岳への登山は体力に自信が出る貴重な体験でもあった。登山の光景は自然の雄大さが強く印象に残り、その後はしばらく地図に興味がでてきて、それの立体模型を紙粘土でつくった。兄たちのホビーのラジオづくりの工具や作業机が残っていたが、このホビーは自分には長続きはしなかった。自分で熱中したものに模型電気機関車があった。レールの側におくプラットホームつきの停車場や踏切を作ったりした。

大人になってから母はよく「タッカは手のかからない子だった」といっていた。この前段には「小学校入学時に手こずらせた以外は」というセリフが入るのであるが。確かにこの実感はあり、その一因は「数多い兄弟の下の方」にあったと思う。姉や兄の一部はひと通り思春期の父母との悶着をやっていたようだが、私は入り込めず、その機会が回って来た時には「時期」を逸していた。両親との肌感覚は希薄だったが、その隙間を埋めるように親は「特異な機会」を適当に私に投げ、自分はそれを活かして明日の想像世界を豊かに育んだように思う。好調だった父の商売がそれを可能にしていたのであるが、いま思い起こしてみると、それは鮎貝駅前町内でも、日本全体でも、大なり小なり同様で、絶えず「特異な機会」が投げ込まれ、毎日明けるのが楽しみな時代であった。

第３章

「原子力時代」開闢のなかで

――「ビキニ」で時代が動く

湯川帰国と全国「行幸」

一九七〇年三月の京大退官後も、湯川秀樹は『プログレス』[*1]には意欲的で、定例の編集会議のため研究所に出てこられたが、そういう日の三時からは、ハンドベルの合図で、研究所のサロンでお茶の会が持たれるのが通例であった。所員だけでなく、開催中の研究会出席の研究者も一堂に会する場であり、地方から出てきた研究者が気楽に湯川と話を交わす場となっていた。

ある時、湯川と同じテーブルになった研究者が「僕ら先生のためにひどい目にあったんですよ」と学童時代の思い出話をしていた。なんでも、彼の中学を湯川が訪問した際、トイレ掃除やらの校内一斉掃除をやらされたというのである。この挿話は湯川が一九五三年の帰国後、天皇の行幸よろしく、精力的に各地を訪れたことを示すとともに、迎える側にどれほどの偉さで遇したらいいのかという惑いがあったことを示している。何しろ、日本初のたった一人のノーベル賞学者であり、皇族、政治家、官僚、有名文士や芸人とも違って前例がない。ましてや在米五年の〝世界のユカワ〟だからガイジンのようでもある。迎える対応のブレも大きかったであろう。

自伝といっても湯川の時間軸に沿った回想になろうと述べて本書を書き始めたが、自分の中学卒業（一九五三年三月）の頃までを記した前章には、一九四九年秋の湯川ノーベル賞は登場しなかった。近年の日本人ノーベル賞報道の過激さをみれば、ああやって小学生の子供心に火が灯って云々という筋書きが浮かぶかもしれないが、それは時代を無視した錯覚である。

まず注意すべきは、湯川一家は在米中で[*2]、授賞式にもニューヨークを出てニューヨークに帰る

＊1　『プログレス』（Progress of Theoretical Physics の略称）は湯川が一九四六年に創刊した英文学術雑誌であり、戦中戦後の朝永らの研究成果の海外発信に貢献をした。終戦直後の混乱の中、学会ではなく個人の発意で取り組んだ湯川の事業の才覚に驚かされる。湯川の国際的評価、基礎物理学研究所創設、日本での理論物理学の興隆などで、『プログレス』はその後大きく発展したが、二一世紀のオンライン雑誌時代になり一応終焉した。私は京大在職中の三〇年余り、この雑誌発行に深く関わることになった。

＊2　原爆の父・オッペンハイマーの招待で一九四八年夏に一家で渡米、プリンストンの高等研究所に滞在、翌年秋からはニューヨーク市のコロンビア大学に移り、間もなくノーベル賞受賞の知らせを受けた。授賞式へは一二月七日ニューヨーク発、式典行事終了後、一五日からコペンハーゲン、パリ、英国（ロンドン、ブリストル、エジンバラ）を経て、二九日にニューヨークに帰着。夫婦での初めての英仏旅行であった。

外電による式典時の報道はあったが、追いかけるマスコミが不在だから、静かな旅であった。湯川が日本人の前に現れたのは翌一九五〇年の夏季休暇の三週間余りの一時帰国であり、連日の新聞報道があった。次の一時帰国は二年先の夏季休暇である。同年一二月には滞米が長引いたので京都大学は規定で休職としたが、翌一九五三年夏の帰国で復職した。

旅である。まだ海外旅行が大変な時代である。さらに〝独立前〟には日本のマスコミが海外におらず全て外電だから、今のような追っかけ回す報道は不可能なのである。確かに学術界や政界はこの外電を大きなニュースと受けとったし、また自分の進路と重ねて考える世代の学徒には大きく作用した。一九四三年に文化勲章を受章するなど、一部の学徒には湯川はすでに物理学のヒーローであった。しかしそれらは、学問世界と大衆とが隔絶されていた当時では、世の中のほんの一部の関心事だった。大半の国民はノーベル賞のなんたるかも知らず、まして高踏な学問への憧憬が大衆化する世相とは真逆な時代であった。[*3]

「再生への勇気」、「文化国家」、「原子力」

大多数の日本人にとってこの外電の持った意味は、この夏の古橋と橋爪の競泳での世界的な活躍と同様の、敗戦で打ちひしがれていた日本人に再生への大きな勇気を与えたことである。そんな中でも識者は「文化国家」[*4]とか「原子力」[*5]とかの一歩踏み込んだ意義づけをしている。何にせよ、ひとを描いたヒーロー誕生ドラマとしてノーベル賞と大衆をつなぐテレビ報道がまだない時代だから、湯川ノーベル賞の一般へのインパクトを現在から推測するのは注意を要する。

多分われわれの世代にとって、湯川が〝科学者〟、〝原子物理学〟、〝京都大学〟などに惹きつけるアイコンになっていったのは、本章冒頭に記したように一九五三年帰国後の全国訪問とその新聞報道による。報道や談話や執筆での日本のマスコミへの繰り返しの登場を通じてであったと思う。多くの人々は日々の報道のつながりにより湯川を身近に感じたのである。また湯川が日本を離れていた五年の間に日本の世相も大きく変わっていた。京都市は湯川に名誉市民の称号を贈るが、それも「受賞後」ではなく「帰国後」に行なっている。

＊3　アインシュタイン来日（一九二二年）の大正ロマン期の熱狂は「高踏な学問への憧憬が大衆化」した現象であった。金子務『アインシュタイン・ショックⅠ、Ⅱ』岩波現代文庫。

＊4　『毎日新聞』一九四九年一一月五日社説「しかし、敗戦の日本は、文化を口にすることさえもはずかしいような、いろいろの非文化的現象に取り巻かれ、政府もまた、文化に対する関心が日毎に薄れつつあるかのような印象を与えて来た。この時外伝は突如として湯川博士にノーベル賞授賞を伝えて来たのである。これは、ある意味では早くも文化国家としての日本再建に絶望感を抱きはじめようとしていた日本の国民にたいする警告であり、大きな声援であった」。

＊5　『読売新聞』一九四九年一一月五日社説「湯川博士受賞を意義あらしめよ」。原子力は原子兵器と関連して考えているが、「それは必ずしも兵器にのみ関連するものではなく、やがてそれが生産に応用されて人類の文明に新時代を開く日を期待することは全くの夢想ではないのである。世界文明の上にそのような大きな意味をもつ原子力理論の礎石が、日本の科学者によっておかれたことは特別の注意を払われてよい」。

高校時代

私の歩みに戻る。高校進学は何の思案の余地もなく、鮎貝から三つ目の駅の長井町[6]の長井高校に入った。その際、入試成績が二番だったらしく[7]、両親も私を特別視するようになった。高校では数学が特にでき、物理は特に意識したことはなかったが、一時、気象クラブに入っていたようだ。歴史に興味が湧き、家に帰っても本を読むのが大好きで、また受験雑誌『蛍雪時代』や分厚い入学試験問題集を拾い読みするのも面白かった。ただ家には手伝うべき仕事がいっぱいあって、父には「何のために学校に行かせている。家に帰ってまで勉強するとは何事じゃ」と叱られるから、夜に隠れて勉強する状況だった。妹の盲腸手術の立会人になったとき、血を見て卒倒した。母が「タッカは医者はダメだな」と言ったのを憶えている。成績のいい子の将来を弁護士か医者に重ねる時代であった。

東京で模擬試験

大学卒の夫と結婚して東京で暮らしている姉たちは会社での学歴の大事さに気づいたのか、東京で模擬試験でも受けさせたらと示唆してくれた。受験での自己診断の模試は大都会でしかない時代だ。その頃、姉の一人が杉並の家に住んでいて、そこに泊まって夏期講習と模試を受けたら好成績だった。隣家に後に慶応ボーイで組織したボニージャックスのメンバーとなる同学年の人がいて、予備校へ連れて行ってくれた。当時、田舎にはそんな高校生は居らず、きわめて特異な経験をした。気楽に泊まれる場所があり、まだ父の商売も景気が良かった。

「ビキニ」の衝撃と戦後五〇周年

一九五四年三月、降って湧いたように、ビキニ水爆実験での日本漁船の被爆事件が勃発して連日報道された。同じ時期、講和条約発効と米大統領「Atoms for Peace」演説（一九五三年末）に続く動きとして原子力研究予算が国会に提出された。当初は一部の関係者間の地味な話題の「被爆

＊6　長井町は置賜地方では米沢に次ぐ市街地で、戦前から中等学校と女学校があった。朝日新聞の朝日賞の選考委員だった頃（二〇〇一―〇七年）、大佛次郎賞の選考委員長が井上ひさしで、贈呈式は同時に行われていたので、井上と話す機会が数回あった。彼は長井近郊の小松町生まれなので二人でグンゼ工場や映画館などの長井の記憶を辿ったことがあったが、彼の少年時代は複雑なのでそれがどの時代のものか定かでない。

＊7　その時の一番は飯沢省三で、我々はその意識で高校時代を過ごした。彼は卒業後に給費制の郵政大学校に入り、東京都立大学の夜間部を卒業、国家公務員の上級試験に合格し、文部省の官僚になった。パリでのユネスコ勤めで何年か過ごした後に帰って本省課長に就任した。またバンコクのユネスコのアジア支所勤務で外に出て、帰って長野オリンピック事務局次長になったと聞いたが、次の消息は癌で急死したという悲しい知らせだった。

報道解禁」や「平和利用」が勃発の「ビキニ」と偶然重なったことで、多くの国民は一気に「原子力時代」の到来を悟らされた。核兵器廃止運動もこの激動の中で一九五五年に現れた。自分もそうだが、国民の多くはヒロシマ・ナガサキを一〇年遅れでこの時認識した。[*8] 好奇心旺盛な高校生には手に余る混沌であったが、強烈な影響を受けた。

「ビキニ」の頃、『朝日グラフ』の漫画公募欄にときどき投稿していたが、ある時こんな漫画を描いた。大きな漏斗を空に向けて、降ってくる放射能の灰を回収し、小袋につめて屋台で売っている図柄である。[*9] 勿論これは入選しなかったが当時のアンビバレントな自分の気持ちの表現である。アインシュタインの名前もこのとき初めて知ったが、何か途方もないものを人類は手にしたという気がした。[*10] 多くの国民はこの流れで湯川を再認識した。[*11] 私にもこの大きな時代の転換に自分を置いて考える大胆さが芽生えたのかも知れない。

「戦後五〇年（一九九五年）」でもなお残る原爆投下をめぐる日米の軋轢、すなわち日本での「原爆＝悪」の方程式がかの地では成立しないことへの腹立ちが報じられていた。しかし「私は、五〇年前に原爆がかもし出していた何かが欠けているという想いから、しっくりしない自分に気づいた。それは子供心にも「原爆はすごい！」という感銘のようなものが当時はあったという記憶である。「記憶」だけでなく自分を物理学に導いた原体験ではなかったかとの想いである」。[*12]

中村雄二郎「科学研究とリビドー」

前掲の「原爆はすごい」が「物理学に導いた」という私の記憶に関して、哲学者の中村雄二郎は、パスカルの三つのリビドー（感覚、知、支配）をあげた後、次のように論じた。「私はこれまで多くの科学／技術論が、先に見てきたような意味での知のリビドーを問題にしてこなかったことを飽き足らなく、また、不当だと思ってきた。その点について、永い間の渇きを癒してくれたのは、宇宙物理学者の佐藤文隆が『科学と幸福』においてあえて行った科学者としての自己点検

＊8　拙著『科学者、あたりまえを疑う』（青土社）第九章「京大同学会「綜合原爆展」」はヒロシマ・ナガサキ認識までの一〇年の空白期に触れている。
＊9　佐藤文隆、艸場よしみ『科学にすがるな！――宇宙と死をめぐる特別授業』（岩波書店）二一二頁に思い起したこの漫画の図柄を載せた。
＊10　この「感覚」は山本昭宏『核と日本人――ヒロシマ・ゴジラ・フクシマ』（中公新書）が描くように長く漫画などに定着した。
＊11　湯川秀樹「原子力と人類の転換」（『毎日新聞』一九五四年三月三一日）は突発した「ビキニ」による身辺の変化を次のように記している。「去る三月の初め頃から、原子力の問題が、今までよりはるかに身近な問題として、一般の人々の強い関心の的となった。……おかげで、私のように一般世間と縁遠い研究をしているものでも、今までより一層頻繁に、いろいろな会合や講演などに引っ張り出される結果となり、問題が問題なので断りかねている次第である」。
＊12　佐藤文隆『科学と幸福』岩波現代文庫、第一章。

である。佐藤は、世の中の科学／技術批判が結果としての弊害や危険を声高に述べるだけで、当事者である科学者の本音をほとんど考慮していないことを不満とし、一見反時代的に見える「科学と幸福」というテーマを真っ向からとり上げている」[*13]。

京都大学入学——宇治キャンパス

高校生活も受験願書を出す時期になり、あまり迷わず、第一志望を京大物理、落ちたら二期校の米沢にある山形大学工学部の電気学科を受験するとした。浪人する発想はなかった。京大物理となった背景には、当時の世の中を彩っていた原子力ブームがあった。湯川もアインシュタインも組込まれた核の時代の到来である。また東京での模試の結果で自信が出たこともあっただろう。高校での受験相談や指導はなく、模試も自分勝手に東京で受けたもので高校が知っているわけではなかった。

受験雑誌の広告で宿泊の手配もして、一人で受験に行った。宿は布団をひっつけて何人も寝るような下宿屋の部屋だが、大学のすぐ近くだった。こうして受験を一人でこなし、結果に手応えはなかったが、ある日、合格電報が舞い込んだ。身体検査と入学手続きには兄が一緒に来てくれたが、入学式も卒業式も縁者が来ることなく、両親も京大は見ずじまいだった。

理学部定員は一一〇名、物理は約三〇名で現在の三分の一だ。三年時に学科に分属するのだが、その際、一〇名近くも医学部などに転部するのが通例だった。教養課程の二年間は、二クラスに別れて授業や実験があった。教養部時代の実験のペアだった佐藤道明は医者になった。

一年時は火薬庫跡地の宇治分校で過ごした。私は宇治木幡の農家に賄い付きで下宿し、茶畑の道を行き来する地味な毎日だった。週末には京都市内に出ていくようにもなったが、総じて一年間は沢山の授業に出て、下宿で本を読んだりして地味に暮らした。

当時は米穀配給制度がまだ生きていて、米穀通帳を下宿に預けて、朝夕の食事はそこでしか出来ない仕組みだった。昼食分は大学生協に入れてご飯の食券を貰うという窮屈なものだった。外食はあるが別格に高価だから頻繁に食べるのは無理だった。もっとも、この頃、急速にこの制度は形骸化し、翌年ごろからは有名無実化した。

自主ゼミ

入学早々に川崎辰夫が物理勉強の自主ゼミを呼びかけた。私は初回から熱心なメンバーになり、ここで、関西弁で議論する術も覚え、また友人も広がった。当初は関西弁が分からず苦労していたから、精神的に参ったかもしれない。この出会いは本当に幸運だった。川崎は結核の療養所で

＊13　中村雄二郎、「総論　なぜいま科学／技術なのか」（『岩波講座　科学・技術と人間　第一巻　問われる科学／技術』）。

数年過ごし、大検合格で入学してきた人で、歳をくっていた。

この場は精神衛生上だけでなく、自分の物理学の開眼にも大きな意義を持った。最初に読んだ本は朝永振一郎『量子力学Ⅰ』である。授業の後に校舎の教室を勝手に使ってやり、教員や先輩のチューターもいなかった。自主ゼミという言葉もなく、量子力学という名前もこの時初めて聞いた。一年目は時間が幾らでもあったから延々と黒板の前で議論し、生活の活気あるリズムになっていた。授業教科の力学や電磁気学の入門を飛び越えた、原子力時代の「原子」や「量子」に直結するテーマに接しているという高揚感もあった。

初めは一〇名以上いたが、途中から七名が固定した。学年が進むと、各々別の付き合いも始まるので長時間ではなくなったが、卒業まで四年間続いた。七人は川崎、佐藤のほか高田容士夫、木原元央、中嶋豊、竹島真澄、水野清である。

朝永本のあとは翻訳ものが多くフェルミ『原子核物理学』、キッテル『固体物理学入門』、ハイゼンベルク『量子力学の物理的基礎』、ディラック『量子力学』、ランダウ・リフシッツ『場の古典論』、それに朝永『量子力学Ⅱ』など、定評ある名著を次々読んだ。分からないところは適当に先送りし、読破する達成感を重視した。理工系大学生の急増を見込んで、名著の翻訳が次々出た時期だったから、誰のアドバイスがなくても、それらを追いかけると名著を読んだことになった。

湯川の講演・講義——大学院を進路に

入学した年の一一月祭のある講演会を聞きに行って湯川を初めてみた。中折れ帽を演台の横にゆっくり置いて話が始まる光景が今でも目に浮かぶが、何の話だったかは記憶にない。三回生前期に湯川の量子力学の講義が始まったが、海外に行ったらしく途中から代講になった。[*14] 量子力学は自主ゼミや自習であれこれ勉強していたので、期待も失望もなかった。

物理学科に分属してから、科目によっては試験の成績が点数つきで掲示板に貼り出された。自主ゼミの議論ではリードしているのを自覚してはいたが、この試験成績も後押しして、大学院への進学を早くに決めた。入学当初に想い描ける将来像は高校教員しかなかったから、一年生ではしこしこと教員資格の単位を集めていたが、物理学科に来て大学院から研究者への道のあることを知った。ただそれは不確定な道で、出家するような人生の決断であった。自分で決めて、帰省時に告げた時、学者の世界など想像もできない母も不確定な道の選択であることは認識したよう

*14 この講義があった一九五八年、湯川は六月二三日―九月末に欧州・南米・欧州と移動する大旅行。後半は第二回ジュネーブ会議（原子力平和利用）の政府代表。

量子力学は物理教科の基幹をなす講義だが、よく休講になるので数年後から湯川はこの教科担当をはずれ、「物理学概論」という講義を新設し、講義場所も基礎物理研究所に変わった。

で、ぽつりと「帝大でてるんだから（ダメなら）帰って（町役場の）助役にはなれるよ」と自分を納得させるように言ったのが心に沁みた。

北白川の下宿

二年生からの京都市内の下宿選びは賄い付きでないのを探した。北白川別当町の下宿屋に一旦決めたのだが、強引なおばさんに自分の娘が嫁いでいる小倉町の家に回された。人文研向かいのお屋敷街で部屋も下宿向きではない。しばらくいたが不自由で耐え切れずそこを出て、北白川伊織町の下宿に移り、結婚して出るまでの一〇年近くもそこに居座った。ここは二階に下宿部屋二つ、一階の住人も借家人で、私のいる間に三回代わった。一階が無人の時もあった。土壁の土が壁際に積もっているような安普請の部屋だが、南北に窓のある大きな部屋で、やもりと共生だが、北窓からは比叡山や北山がよく見えた。京大キャンパスの北端にある物理教室や基礎物理研究所には下宿から徒歩で一〇分ぐらいだった。別当町から銀閣寺や浄土寺にかけては、下宿学生が多いので外食屋が多く、また生協食堂も利用できるので、住み心地のいい地域だった。

その頃、田舎からの大きな荷物は鉄道切符に付随したチッキで送った。荷物受け取りにリヤカーを借りて京都駅と下宿の間をテクテク歩いた。リヤカーを引いて歩くとよくわかるが、この間高低差が大分あり帰りの登りが大変なので、途中から二条駅を受け取り駅に変えた。いつ頃からこの不便が解消したのかもう記憶にない。

父のこと

学部に在学の頃、税金問題で躓き、家の経済状態が一転した。なんでもある村の新制中学校舎の建築代金の代わりに村有の原始林を受取った原始的商取引に何年か後に課税されたらしい。その年の県の高額納税者として新聞に載った記憶がある。それで一夜にして引き締めに転じ、その内に「別館」もなくなりあの蔵書セットなどの珍物もどこかにまた身売りされた。中小企業では定期的に一定額を送金するのが大変なようで、母が「町会議長の歳費が毎月現金で入るからそれに手をつけずに京都に仕送りする」と言ってくれたのを覚えている。すぐ学費や下宿生活に困るほどではなかったが、家庭教師のアルバイトを始めたものだ。

先に石原莞爾の油絵肖像が我が家に登場した話をしたが、父は山形県出身で東条との権力争いで敗れて帰郷していた石原を師と仰ぐ東亜連盟協会運動の活動家であった。戦中の翼賛団体の役員のためか戦後は公職追放になったが、解除後すぐ選挙に出て教育委員長、町議、町議会議長になった。応援している木村武雄代議士[*15]がよく顔をみせていたが、あるとき木村が辻正信を連れて

*15　木村武雄『自伝　米沢そんぴんの詩』形象社。

きて、父が私を呼んでこの〝名士〟に会わせた記憶がある。その後には『ノモンハンの真相』みたいな辻の本が何冊も積んであり献金させられた様子だった。父が亡くなる頃は県会議員出馬予想の新聞記事に父の名前が出たりしていた。病床に伏してから四ヶ月ぐらいで、一九六二年八月、仙台の東北大学病院で急逝した。長野県での素粒子論グループの夏の学校の後に直接病院に行った翌朝のことで、姉と二人だけだった。知らずにやって来た母を仙台駅で出迎え、タクシーの中で告げた。揺れる遺体を押さえながら寝台自動車で二つの峠を越えて帰宅した。町議会議長の現職だったので、中学校の体育館で町葬が営まれ、行列を組んで自宅に帰った。まだ忙しくしている五九歳だったから、年寄りから「昔ばなし」を聞く場面が全くなく終わってしまったのは残念だった。

第４章

宇宙新発見の時代を神風に

――「核」から「相対論重力」へ

「B物質から高級アルコールまで」

前世紀末、同年輩で大学を退出するため身辺整理中のある知人から「サトウ　フミタカという署名の文章が出てきたが」というメールが舞い込み、送って頂き、「自然の階層ということ」と題した八〇〇〇字あまりの文章に四〇年ぶりに再会した。[*1]

内容はというと、学部卒業時（一九六〇年三月）の京大物理教室の研究交流会の「閉会の辞に小林先生が物理は正に〝B物質から高級アルコールまで〟実に範囲が広くなったということを言われた」、「アメーバの運動や、はてはサルの生態学まで自然科学なのだから大したことである。しかし同時に私たちはどんなものも分子や原子から出来ている……素粒子も、もっと基本的なものやB物質[*2]から出来ている……だが、高級アルコールの性質を調べる時は誰もB物質の話はしない」と問題提起し、以下、「物理学科の学生は一番学があるか——法則の段階性」、「幽霊は存在するか——現象の段階性」、「自然の階層と方法論」、「実体と物質」といった挑発的な小見出しで論じ、「最後に断っておきますが今迄、全て唯物弁証法の定式化にのせることをやらなかったのは、勿論述べる能力がなかったことにもよるが、その様な哲学としての唯物弁証法との関係は、他の哲学との相異を問題としないかぎり余り意味がないと考えたからです」と結んでいるものである。

記憶をたどると、学部四年生のときに房総の東京教育大の施設での全物教の夏の学校に参加し、この雑誌の存在を知り早速投稿したようで、すでに、いまに続く「もの書き」の習性が芽生えていたようだ。

物理学の「縦」と「横」

当時、原子力だけでなくDNA、トランジスター、スプートニクなど空前の理工ブームで『物理学は世界をどう変えたか[*3]』が実感される中で「物理学科の学生は一番学があるか」という反問

＊1　『全物協』（全国物理科学生協議会発行）No.7（一九六〇年秋）二二―二七頁。

＊2　「B物質」とは素粒子論でのクォーク・レプトン対称性にあたる先駆的な坂田・名古屋模型での仮説で、レプトンにB物質（Bはバリオンの意味）がついたのがクォークにあたる。一九六四年、北京シンポジウムで訪中した坂田昌一は毛沢東と面談し物質界の階層論を講じたが、毛沢東はクォークにあたる粒子に「層子」という名を提案したという。

＊3　武谷三男『物理学は世界をどう変えたか』毎日新聞社。雑誌『エコノミスト』（毎日新聞）連載の対談集をまとめて一九六一年に発行。

がこの動機でもある。原子・素粒子……B物質の探求を縦とし、原子物理でのアメーバや地球・宇宙の探求を横とすると、「横」と「縦」の異質さが気になるため、それを坂田昌一流の階層哲学に収めようとする文章だが、なぜか唯物弁証法に抵抗している。

学部四年生の研究室分属では物性理論の冨田研を選択し、非可逆過程の勉強をした。教授は在外で寺本英助教授の指導だった。この選択は、「縦」を勉強するほど、それを「横」につなげるいわゆるエントロピーを巡るボルツマン問題が同時に気になったことによる。教養部での田村松平の講義で気づかされ、伏見康治の本[*4]やボルツマンの伝記[*5]で関心が広がっていた。マクロな現実世界から遠のく「縦」の世界が「横」の実感から浮いた仮想話にみえる感覚がのこり、近年の量子力学の解釈問題の著作[*6]のもとはこの「感覚」がますます強まってきたことにあるようだ。

大学院入学、『核融合』

大学院では原子核理学専攻の核エネルギー学講座を選択した[*7]。ここは湯川研の助教授だった林忠四郎が教授になった新研究室で、私は三回目の新入院生だが、湯川研から移った院生や研究員がいっぱいいた。この頃林は在外で顔を見たこともなかったし、他の教員にも面接で初顔合わせだった。人的接触がないのに選んだのは、林の『核融合』[*8]に惹かれたからだ。核分裂の原子力は国の政策で発電原子炉を輸入する方針になったため、研究開発を目指す多くの者は核融合の方に向かった。その流れの中に自分を置いた選択だが、現実は数年で大きく変わることとなる。

居室はM1専用部屋だったこともあり、M1の間は林研究室へは殆ど接触せず、素粒子から流体力学まで広く勉強した。設置目的を意識してか、研究室の看板は地上の核融合炉と元素起源などの星での核融合の二本柱であった。『核融合』も「天の部」と「地の部」から成り、「地の部」は林が執筆。私は「地の部」志望なので、M2になった時に林から助手の寺島由之助に相談するよう指示された。同学年の百田弘も「地の部」、金沢大学出身の蓬茨霊運が「天の部」だった。

＊4　伏見康治編著『量子統計力学』共立出版。
＊5　ブローダ『ボルツマン――現代科学・哲学のパイオニア』市井三郎・恒藤敏彦訳、みすず書房。恒藤は湯川研出身で物性論の教授となり、のちに京大物理で同僚であった。彼は戦前の滝川事件で辞任した法学部教員のひとり恒藤恭の息子。恭は芥川龍之介の親友で、大阪市立大学の初代総長を務めた。
＊6　佐藤『量子力学は世界を記述できるか』、『量子力学が描く希望の世界』（いずれも青土社）などの著作。
＊7　一九五六年からの原子力政策で、京大にも原子炉実験所、工学部に原子核工学科・専攻、理学部には原子核理学専攻（五講座）が設置された。これと別に、理工系人材二万人増の要求が産業界からあり、学生定員増と講座増が全国的に行われた。これで六講座増え学生定員は三〇名から八〇名に、また「専攻」の三講座が物理教室に吸収され、従来の八講座が一九六〇年代後半には一七講座になった。「専攻」の残り二は化学と動物に移管され、原子核理学専攻は数年で解体した。
＊8　『岩波物理学講座』の一分冊で林・早川『核融合』という一〇〇頁程の小冊子。

IGY、宇宙線、磁気嵐国際会議のアルバイト

寺島は湯川研時代に基礎物理学研究所（基研）の教授だった早川幸男の指導で宇宙線の起源を研究したが、「地の部」のプラズマ物理に分野を変え、まもなく新設のプラズマ研究所の助教授に転出した。[*9] 一九六一年秋に京都でIGY・宇宙線・磁気嵐の国際会議があり、彼がアルバイトを紹介してくれた。小間使いだが、国際会議自体が珍しい時期で、海外からは大物ばかりで、貴重な経験だった。[*10]

その頃、NASAから京大工電気に帰ってきた大林辰三のスペースサイエンスを展望する集中講義があった。単位認定のレポート提出に、普通は一、二枚でいいのだが、私は「粒子加速」の題で二〇枚もの長大レポートを提出した。結局、このレポートを膨らませて修論とした。プラズマ中での荷電粒子の加速過程は不可逆過程の逆なので興味をもった。

シンクロトロン放射

一九六一年頃、日本での宇宙電波観測の立ち上げとも連動してか、電波天文と天体プラズマでの銀河の研究会が基研で立ち上がった。指導担当の教員もおらず一人になった私はこの動きにつ

いていく形でテーマを見つけようとした。宇宙磁場の中での高エネルギー粒子のシンクロトロン放射源が発見されており、磁場‐粒子エネルギーの図上にそれらの放射源をプロットしてみた。[*11]この図を入れて最初の英文の本論文に仕上げたが、この作業で初めて星や銀河の天文学を勉強した。早川らの長い「加速」の総合報告の英文論文にこの図の内容を入れたいので共同著者になるようにと声がかかった。

ブラックホールとビッグバンの登場

そんな頃、一九六二年の春から初夏にかけてホイラーが基研に滞在し、その間に七回の講義をした。[*12]聴講者全員がチンプンカンプンだったが、海外には周囲の教員や先輩が全く知らない研究があることを悟った。理論物理学の深層にたどり着きたいと、基研の図書室に長時間篭って文献

＊9　一九六一年に名古屋大学附置で大学共同利用の「プラズマ研究所（現核融合科学研究所）」が創設された。
＊10　佐藤「はじめてのガイジン」『窮理』（窮理舎）第八号、「フリップ・モリソンの笑顔」同誌第九号。宇宙線起源、磁気嵐、電離層、オーロラ、ヴァンアレン帯、太陽風、フレア……などの自然現象を原子物理で読み解く面白さを知った。
＊11　この図は佐藤・ルフィーニ『ブラックホール』（ちくま学芸文庫）に掲載の図4‐28。
＊12　プリンストン時代の湯川とホイラーは親交を結び、この年、夫婦で日本観光にきて、一ヶ月半くらい滞在した。佐藤「猫に小判のホイラー京都講義」『窮理』第一〇号。さらにホイラーについては佐藤『佐藤文隆先生の量子論』講談社ブルーバックス、第5章を参照。

を漁った。この悩める若者を救ったのは降って湧いた海外での観測上の大発見ラッシュだった。

私の論文リストを見ると、共著の加速論文を除くと、修論がらみの論文（一九六三年）の次は一九六六年で、空白がある。実はこの間にブラックホールとビッグバンという世紀の大発見があった。[*13] この世界的衝撃にいち早く理論的研究で参入できたのは、テーマが決まらずに手すき状態だったからもある。またこの頃は星の研究に集中していた林だが、この新しい方向を勧めてくれた。私には神風だった。

クェイサーの発見と小さい巨大エネルギー源

一九五〇年代電波天文学が勃興、見つかった電波源の正体を光学望遠鏡で同定する連携が進んでいた。一九六〇年頃から、電波干渉計の技術で視角の小さい点源が発見され、爆発的銀河中心核が同定された。そして一九六三年、膨張宇宙の赤方偏移から距離が求まり、巨大エネルギー源であることが判明、世紀の大発見だった。[*14] 毎週届く *Nature* 誌などで必死に情報を追いかけた。

先の基研の研究会でもホットな話題となり、長老格の武谷三男が黒板の前に立って議論を引き出し、活発な議論があったが、その中で私も知られる存在になった。

一九六三年のホイルらの相対論重力論文

「狭い領域に巨大エネルギー」の説明として当初は超新星の連鎖的爆発、次には一個の超重量星がテーマに登場した。この〝エネルギーは「核」〟という惰性を転換させる論文が一九六三年に現れた。一九三九年のオッペンハイマーらの論文を引用したホイルらのブラックホール説だ。林はこのプレプリントを私に渡し、これを研究室の定例の会で紹介する時に湯川がひょっこりとやって来た。林が湯川に告げていたのだ。これで湯川が私を個人的に認識し、その後、重力波などの新聞記事があると解説によばれたりした。ホイルらのブラックホール説は「核」から「相対論重力」へと宇宙物理の拡大を画する論文で、自分にとっても特別なこのプレプリントはいまも手元にある。

この論文の理解は殆ど一九三九年オッペンハイマーらの論文の解読であり、一般相対論の本格的理解が必要であった。ランダウ・リフシッツの『場の古典論』で一般相対論には触れていたが、そこまでは書かれておらず、一般相対論の時間座標の変換に慣れるのに苦労した。

＊13　大戦中に仕込まれた電波、マイクロ波、ロケットなどの技術がこの時期に開花したといえる。

＊14　この発見のノーベル賞は電波干渉計のマーチン・ライルに一九七四年に授与されたが、赤方偏移を測ったマーチン・シュミットは何故か逃した。

巨大質量星の不安定性

このクェイサーの巨大ブラックホール説が定着し、形成論として恒星群説と超重量星が提起され、理論的に扱い易い後者に私も飛びついた。直ぐに大御所チャンドラセカールが超重量星の相対論的な不安定を指摘するなど、一挙に論文も増えた。重要問題は直ぐ流行るので、何もオリジナルなことができずに終わる恐怖に襲われ、論文にして何か爪痕を残さねばと焦った。この頃、後述のようにビッグバン宇宙初期の超高温状態も手がけていた。そこで超重量星の電子対創生による不安定性と相対論的不安定性の競合を解析して博士論文にした。この考察は林の目指す包括的な星の進化の説明図に書き込まれた。[*15]

ビッグバンとニュートリノ

私のブラックホールへの道は世界の潮流へのキャッチアップで始まったが、ビッグバンへの道は林の側にいた独特な事情で始まった。星の進化に及ぼすニュートリノ反応は長年の課題だが、一九六四年にかけ、加速器実験も含め素粒子論で進展があった。ＣＥＲＮ（欧州原子核研究機構）から帰った山口嘉夫が林に働きかけて、ニュートリノを主題とする素粒子と宇宙の研究会を基研で開いた。林は宇宙関係のレビューを二つに分けて、星関係を杉本大一郎に、その他を佐藤に割り振った。

「星」は日本にも実績があるものの「その他」は未開拓だったが、出発点となる文献が偶然手元にあった。一九六三年に湯川がソ連科学アカデミーのロモノーソフ・メダルを受け、副総裁のマルコフが来日した。[*16] この時に彼の残した分厚い論文が私のレビュー準備の格好の種本になった。多くの文献を読み漁り宇宙バリオン数や暗黒物質といった今に続く素粒子宇宙論のテーマを初めて認識して報告した。[*17] ビッグバンのガモフ達の論文や林の一九五〇年論文もこの時初めて読んだ。この直後、林は「一九五〇年論文」の再計算をやらないかと私に勧めた。[*18] CMB（宇宙マイクロ波背景放射）発見を知る一年以上前である。

CMB発見と元素合成

一九六五年の晩秋、林がCMB発見を伝える新着のApJ誌をもって私の部屋に駆け込んできた。

*15　基研二五周年（一九六八年）記念集会報告集の林「星の進化」第5図。
*16　佐藤「追憶のソ連物理学」、『窮理』（窮理舎）第一一号。
*17　佐藤「ν-flux と宇宙論」、『素粒子論研究』一九六四年一一月号、それを拡大した「宇宙進化と素粒子の起源」、『素粒子論研究』一九六八年一二月号、また佐藤『破られた対称性』PHPサイエンス新書、第6章参考。
*18　この時の林の動機は佐藤「宇宙におけるヘリウム形成」、『天文月報』一九七〇年四月号参照。

二〇世紀最大ともいえるこの発見の意義を瞬時に悟った世界でも数少ない一人だったろう。この発見は予期しない偶然のもので、公表までしばらく間があり、その間に耳情報で知って直ぐにヘリウムと重水素の元素合成を計算した研究者がおり、私の「再計算」は先をこされた。こちらもLi, Be, B合成に焦点を当てて挽回しようとしたが、一九六六年末のテキサス・シンポから帰った早川から「佐藤君の計算やられちゃったよ」と聴かされ、間もなく分厚いワゴナーたちのプレプリントが着いた。手間取った電子計算機も克服後だったが核データでの劣勢は明白だった。林は後に「あの問題はもっとコンピュータに長けた人に振ればよかった」と語っているが面目ない次第であった。宇宙線起源の勉強で知っていた軽元素起源の議論と絡めて論文を書いた。

当時、電子計算機での科学計算が日本で始まった時期で、林はNASAでIBM大型機の経験があり、京大計算センター創設時の機種選定委員長だったことにも熱心さが表れている。そんな中で私も東京のIBM機にカードを送る時代から参入したパイオニアなのだが、優等生ではなかったようだ。二、三年すると大学の計算機環境は急速に改善し、また私が指導した最初の院生の松田卓也が計算機のベテランになったので、私自身は計算機術に身が入らなくなった。

宇宙の晴れ上がり、水素分子形成、銀河質量

CMB発見の速報を物理学会誌の〝最近の研究〟欄に書いたり、基研の談話会で話したり、と

もかく二七歳の私がこの大発見の日本での説明役だった。雑誌『自然』からも原稿を依頼され、水素イオンの再結合で、自由電子が減って、遠方が見えてくるのだから、いわば曇っていた宇宙の晴れ上がりである、と表現した。[*19]

一九六六年頃から、松田などの院生を指導するようになった。まず、CMB再結合時に原子の中性化は完全には進まず、一〇万分の一程度はイオン化で残り、これが負イオン水素を作り、それが触媒となり水素分子ができる過程を計算した。これで初代星形成を論じたが、この研究は三〇年程後に本格的に再生したようだ。また構造形成問題で、銀河の質量を放射粘性に求める理論を展開し、広島大学理論研の成相秀一らと共同した。基研の研究会提案者になったり、プログレスに長文の総合報告も発表したり、国内的には研究者の地歩を築いたと感じたが、重要課題には多くの人が参入するため国際的に顔を出すのは大変なことも悟った。

「声掛け助手」の最後か

時間は遡るが、これらの途上で私は助手に採用された。米国から帰国した小柴昌俊が東大物理に研究室を立ち上げるため助手を探していた。早川が私の名を挙げたらしく林に連絡があり、小

＊19　佐藤「熱い宇宙は存在した」、『自然』一九六八年六月。『現代の宇宙像』講談社学術文庫に転載。

柴が湯川を訪ねて基研に来た際に面接を受けた。米国から持ち帰った乾板の解析で宇宙線起源の情報が得られると、助手に勧誘された。[*20] 私は「行く」と林に言ったが、小柴には伝えなかったようだ。一九六四年春に林から「君、助手になるか?」と声掛けされ、七月発令で助手になった。当時、京大物理の人事は教室会議がチェックする体制だが、この時は別の「専攻」だったためか、多分、教授の声掛けで助手になった最後かも知れない。

当時の助手の月給は二万数千円だが、理工系の助手を対象にした「作工会」の奨学金を頂いた。市中銀行の口座に振り込まれるので、当時は一般には縁のない銀行の店舗にはじめて足を踏み入れた。寄贈者本田宗一郎の名は当初は匿名だった。助手になり身分が安定したので結婚を考えるようになり、翌年秋に岡崎桂子と結婚した。同級の院生が指導する物理教室の合唱サークルがあり、そこで知り合った事務職員だった。媒酌人を林夫妻に頼み、式場は京大の楽友会館、費用は会費制で賄った。

宇宙物理の林研究室として安定

林は自身の研究業績に加えて数多くの人材を輩出する研究室を主宰したことでも有名である。[*21] しかしこれは林の宇宙物理での評価が世界的になって研究室の方向が明確になった一九六〇年代後半からのことである。それまではN助教授、W助手のトラブルなどで安定しなかった。Nは二度の在米での長い留守に加え、在米中のテキストブックス原稿について、米国の研究者からの林宛の手紙で「自分の剽窃である」と訴えられた。これで研究室を出たが、定年までおり、代わりがしばらく採れなかった。もう一つは米国でPh.Dを取り助手になったWが、就任後、素粒子の研究をやると研究室を出た件である。[*22] NもWも湯川研時代の林の学生だが、林自身の研究テーマの変遷と乖離が生じていた。

この頃、プラズマ物理は全国的に拡大したので「地の部」を研究室の柱から外して「天の部」に一本化したことで、新しい院生は宇宙物理志願者のみとなり、テーマでの一体感が高まった。研究室は「天体核」と称されるようになり、多くの出身者が日本の宇宙物理の指導者になった。「天体核」とは一九五〇年代に米国で勃興したNuclear Astropysicsのことだが、日本ではこの研究

＊20　後にノーベル賞に輝く小柴昌俊の尾関章によるインタビュー本『物理屋になりたかったんだよ』朝日選書、一三六頁参照。

＊21　林忠四郎（一九二〇―二〇一〇）は京都市生まれで、三高から東大物理に進み、そこで南部陽一郎と同級であった。一九四二年学徒動員され海軍で終戦をむかえ、戦後は京大湯川研に入った。当初、自学自習で宇宙物理の研究をするが、素粒子論ブームの中でそれに転じて頭角を現し、一九五四年には湯川研の助教授に抜擢される。一九五七年、新講座の教授として再び宇宙物理に取り組み、「星の進化」の研究で世界的な評価を得、一九七〇年以降は太陽系形成論に取り組んだ。とりわけ一九六一年に発表した「林フェーズ」の理論はエディントン・メダルに輝き、後に文化勲章、京都賞（稲盛財団）などを受賞した。佐藤編『林忠四郎の全仕事』京都大学学術出版会を参照。

＊22　佐藤「天体核人事事件簿その二」『林忠四郎先生追悼文集』、本章＊21の書籍に再録。

室の固有名詞のようになっている。プラズマ研究所で定年を迎えた林研出身の教授が三人もおり、「地の部」の初期の人材養成にも貢献した。

科研費返上騒動

「人事トラブル」の後遺症で助教授の役まで三〇歳前後の助手の私がやっていた。例えば、林の評価が高まり、林の賞の推薦書下書きを書くよう湯川の部屋にまで呼び出されて命ぜられた。また「科研費返上闘争」にも巻き込まれた。林はこの分野の総合研究の代表者で、私が書類を起草し、経理も管理していた。そんな中、朝永が会長だった学術会議が原子力潜水艦入港問題に懸念を表明して政府と対決したので自民党の学術会議攻撃が苛烈になり、科研費選考委員リストを学術会議が提出する慣行の中止を打ち出した。素粒子論グループとＣＲＣ（宇宙線グループ）は抗議して科研費を返上する方針をだし、学術会議の核特委が代表者を集めた。二九歳の若輩が林の代理で代表者のボス教授たちの会合に出席する奇妙な体験だった。この一件は続く大学紛争の中でＣＲＣ内の意見対立を増幅する芽の一つであった。

一九六九年秋の大学院物理学専攻入試の担当だったが、紛争の理学部版「学科制廃止闘争」がまだくすぶっていて、院入試は粉砕の対象になり、受験者は東本願寺前集合で大山崎の寺の試験会場にバスで移動、採点は市内の銀行の部屋でと、逃げ回った。

反核兵器運動

一九六〇年代、原水爆実験、原潜入港、ベトナム戦争、環境問題、原発問題など科学技術がらみの政治問題が浮上した。学部学生時代はストライキで授業がつぶれるのに反発を感じる方だったが、原子力がらみの意識があってか原水爆実験抗議デモには行った。六〇年安保時は院生になった直後だが学生の意識ではなく、職場の雰囲気でよく組合のデモにいった。助手になると組合の委員に選ばれ、教養部で数学の森毅と一緒に教官部会の幹事役だった。部会を招集してもあまり集まらず、二人だけでよく喋り、知り合いになった。[*23]

その頃、市内の組合の「原潜」の学習会の講師役が私に回ってきた。その時に組合学習会用パンフを作ったが、旧湯川研には原産会議の情報誌が送られてきていて情報源として利用した。[*24] 公害などが社会問題化し、広原盛広の京都市電廃止の反対運動にも協力した。彼とは子供を同じ保育所にいれていた。「原潜」講師で名が出たこともあり福井の原子力発電所建設反対の住民運動

＊23　森毅とは、この縁で後に教養部改革などに彼に引き出されたが、その頃、彼の奥さんが私と同じ米沢辺りの出身であることが判明、それもあってか、娘さんの縁談を頼まれ、首尾よく成就した。

＊24　湯川研出身の森一久は中央公論社から原産会議に移り、後年副会長となったが、彼が情報誌送付先に湯川研を入れていたのだろう。森については藤原章生『湯川博士、原爆投下を知っていたのですか――〝最後の弟子〟森一久の被曝と原子力人生』新潮社。本書第11章の湯川財団の記述も参照。

から今度は「原発」のはなしを依頼されたりした。

六〇年安保や大学紛争時、自分も含め大方の人間は周囲に同調するから、一、二年の学年差で異なった意識が刷り込まれている。前述の「院入試」のように、ちょっとした職業上の役まわりの差で逃げ回る方だったが、いずれにせよ、大学や科学から権威という箔が落ちていく実感がした。

第５章

ブラックホール・ブームの中で

——「人生の転機」

朝永からの突然の手紙

一九七三年七月、自宅の朝永振一郎から一通の速達郵便が私宛に届いた。

まだ貴君には御会いしたことはないと思いますが、ソルベー会議[*1]の件でこのお手紙を書きました。

ソルベー会議というのは御承知かと思いますが、今世紀のはじめごろからベルギーのブラッセルで大体四年おきぐらいに開かれる由緒ある会議で、日本からは湯川さんや坂田さん、また私も招待されたことがあります。この九月には「宇宙物理と重力」というテーマで第十六回の会議が開かれますが、同会議の事務局のGeheniau教授から貴君あての招待状を貴君にとどけるよう私に依頼がありましたので同封でお送りいたします。(御参考までに同教授から私あての手紙も同封しておきます)

どうか何とか都合をつけて出席されるよう私からもお願いいたします。

朝永振一郎

七月六日

佐藤文隆様

京大の基礎物理学研究所（基研）の助教授であった私は所長の牧二郎[*2]に手紙を見せたら、すぐに湯川に報告したらしく、数日して湯川が研究所に出てくる日に合わせて記者会見することとなった。京大記者クラブから研究所に五、六人来て、所長が趣旨をのべ、私が黒板の前でTS解の話をし、湯川がソルベー会議に触れた。当時は二人だけのノーベル賞科学者も絡む話なので、翌日の新聞は一斉にこれを掲載、毎日新聞のひとコマ漫画[*3]にも登場した。俗な言い方だが、人生はこれで変わった。

＊1　ソルベー会議は量子力学誕生の舞台として有名。エルネスト・ソルベーはアルフレッド・ノーベルのように化学工業で財をなした人物で、資金を提供して物理と化学の国際会議を開催した。渡航が容易になり、国際会議が常習化すると、その意義は減じた。

＊2　牧二郎（一九二九―二〇〇五）は東京教育大朝永研から名大坂田研助手・助教授、一九六六年基研教授、所長。複合模型やニュートリノ振動の理論などを提起した。

＊3　佐藤『宇宙物理への道』岩波ジュニア新書、図4・2。

基研の助教授に

時間を遡るが、一九七一年には基研の助教授に採用されていた。「助手のポストは毎年生産されてくる新人達の共有財産のようなものであり、日々「早く退け！」という厳しい視線の中のポストであった」[*4]から、他大学に応募を始めていたが、始終出入りしていた基研に収まったのだ。

当時、基研に宇宙物理の教授や助教授はおらず、分野的に応募先でないと思っていたが、四つの講座の一つの原子核理論は原子核と宇宙線の何れかの分野から採用される慣例だと知ったのだ。こうした事情を教えてくれたのは益川敏英[*5]だった。後にノーベル賞に輝く益川の研究室は違うが、京阪宇治線からの通勤でよく一緒になり親しくなった。所長の牧は坂田研時代に益川の先生だったから、益川はよく牧のもとに出入りし、基研の情報に通じていたのだ。採用が決まった頃、胸の透視写真に影が出て入院したとき、益川が大きな花束をもって見舞いに来てくれた。京大物理では職員の個人的関係には関わらないカルチャーだったので驚いた。

〝輝く基研〟

敗戦後の経済的窮乏では実験物理での先端研究は至難なのに加え、湯川・朝永のノーベル賞効果もあり、当時の日本では理論物理学のステータスが高く、その中で基研は特別な存在だった。豊かな研究支援の予算的措置があり、そして何より、関連の研究者が皆注目するところだった。この状況は戦後の窮乏を背景にしていた面もあり、一九八〇年代以後には変貌するが、在任中はまだ〝輝く基研〟であった。

個人的にも、京大の敷地にありながらもオールジャパンの殿堂だという意識があり、このチャンスを人生の転機にしようと意をかたくしていた矢先の朝永の手紙であった。

「ビッグバン・素粒子」と「ブラックホール・一般相対論」

基研に移る少し前から、この二つを自分の研究課題に掲げた。前者は素粒子物理を宇宙に応用するもので、まだ混沌としていた。それに比べ後者の相対論にはがっちりした数学的研究の蓄積があり、落ち着いて究めないと歯が立たない感じがした。一般相対論の新講義を大学院生向けにやることになり、これを勉強するいい外圧にした。

＊4　佐藤『歴史のなかの科学』青土社、第7章。

＊5　益川敏英（一九四〇—）は名大坂田研出身で名大助手から一九七〇年京大助手、一九七六年東大核研助教授、一九八〇年京大教授、一九九七年基研所長。一九七三年に小林誠（一九四四—）と一九七三年に発表した論文で二〇〇八年ノーベル賞受賞。

膨張宇宙でもブラックホールでも、一般相対論を球対称でない一般の場合に適用しようとすると途端に難しくなる。リーマンテンソルのペトロフ分類とか一様空間のビアンキタイプ空間とか、作用素の群論とか、初めて耳にして手こずり、益川に話したら、しばらくして薄いタイプ用紙二、三枚に解法を書いて渡してくれた。彼は何故かトレース紙に万年筆で書くくせがあった。小林・益川論文の少し前だが、あれも群論の課題であった。[*6]

ブラックホールはカー解だけか？

欧米ではブラックホール（ＢＨ）問題はすでに熱気の最中にあった。一般相対論を悠長に究める戦略だけではダメでスピードも必要だった。そんな中、ホイラーとルフィーニのレビュー論文[*7]は世界の流行をつくった。重力崩壊でできるＢＨは初期状態に依存せずにある一つのタイプに収斂するという唯一性定理を提唱した。そしてこの唯一の定常解が一九六三年にみつかったカー解だというのである。だがカー論文を見ると、ただ「簡単に解ける場合に解いた」ものであり、これがたまたま唯一の定常解だとは奇妙に思われた。

アインシュタイン方程式の定常解

定常解とはA：時間に依存しない、B：回転軸に対称である、C：遠方では平坦な時空になる、を満たす解である。時空は四次元だがAとBの仮定のもとでは時空解は二変数の関数となる。この視点でアインシュタイン方程式を書き換えたのが一九六八年のErnst方程式であるが、あまり注目されていなかった。この方程式をもとに数学的に見ると、シュワルツシルト解を拡張したワイル解という一群の静的解が視野に入り、「Ernst方程式でワイル解を定常解に拡張する」という具体的な課題が見えてきた。

不発のTS第一論文

一九七〇年頃の林研は、旧湯川研移籍組も卒業し、人事不祥事の傷も癒え、「二本柱」が宇宙物理一本になり、院生が増加してフレッシュな大集団となり、同時にa進化の進んだ星、b星の

＊6　当時の周辺の様子は佐藤『破られた対称性』ＰＨＰサイエンスワールド新書、第5章、参照。

＊7　*Physics Today*（一九七一年一月号）に掲載されたこの論文では唯一解仮定をホイラーらは「ブラックホールには毛が三本しかない」と表現した。

形成・太陽系、cビッグバン・BHの三テーマに多様化した。池内了、佐藤勝彦らがa、中野武宣がbで、中澤清は林と共にaからbの太陽系転じた。

私のcでは六〇年代末に一緒だった松田、武田が他に就職し、原哲也と富松彰が加わった。原には学位論文のテーマにワイル解をネタにした相対論の課題を与えた。そして富松とはビッグバン初期のハドロン物質の状態方程式から物質・反物質の相分離を導くテーマに取り組んだ。素粒子「標準理論」前夜でありS行列ハドロン模型を下敷きにしたものだが、やっていて「これは泥沼化する！」と予感した。彼にテーマを変えるように勧め、「Ernst方程式でワイル解を定常解に拡張する計算」をはじめた。最初のTS（富松・佐藤）は不発だったのだ。

摂動解から厳密解へ

この「計算」をまず回転のパラメータqが小さいとして、qで展開した摂動解の泥臭い計算から始めたが、多項式に見られるある規則性に気づき、厳密解の発見となった。予期せぬことだが、分かってみると他人もみつける不安に襲われ、一九七二年九月に急いで *Physical Review Letters* 誌に投稿し、一一月六日号に掲載された。反応はすぐあり、Tomimatsu-Sato解という名称を論文のタイトルに含むプレプリントが二、三ヶ月の間にいくつも送られてきた。このテーマでは一番注目の雑誌だが、掲載料が高いので、続く論文は『プログレス』に投稿した。

このTS解が冒頭のソルベー会議招待に結びつくのだが、TS解の説明は当時の書き物にゆずり[*8]、ここでは身の上話を記しておく。「招待」は海外行きを意味するが、当時、それは大ごとだった。海外経験のある研究者は珍しく、それが逆に欧米先進国経験の値打ちを高くしていた。その僥倖に与れる者は稀だったが、世界的評価で海外にも招待される林教授の許にいたから、実は私にも「僥倖」は巡ってきた。一九六八年頃、ワシントンDCのNASAへ一年滞在の話を林が整えてくれたのだ。ところが、「原潜・ベトナム・反米」の真っ只中、〝勢い〟で断った。基研に移ってまもなく、早川[*9]は長い学者生活に海外経験は大事だとUCバークレイ行きを勧めてくれたので、今度は熟慮して行くことにした。

この秋にコペルニクス生誕五〇〇年記念のIAUの総会がポーランドであるのに気づき、せっかくなので欧州見物を少しして東海岸から米国入りする計画を立てた。当時はチケットは正規し

＊8　佐藤「ブラックホールに挑む」『自然』（中央公論社）一九七三年六月号、佐藤・富松「ブラックホールの時空構造」『科学』（岩波書店）一九七三年六月号など。

＊9　早川幸男（一九二三―一九九二）は東大卒後に気象庁、大阪市大を経て一九五四年基研教授、コーネル大やMITで研究、一九五九年名大教授、名大学長在任中に死去。宇宙線理論のほかX線天文や赤外線天文の開拓にも貢献。

かないのだから、これでも同じ料金だった。その準備の最中にソルベー会議招待が降って湧いたのだった。

ポーランド、ソルベー会議

一九七三年九月二日、羽田から初めて外国に旅立った。ワルシャワでの重力崩壊シンポのペンローズの総括報告にはTS解も登場した。次にクラクフに移って宇宙論のシンポに出て、論文上で憧れていたゼルドビッチと喋ることができた。[*10] また朝食の時、ホーキング夫妻と同じテーブルになった。彼のグループのギボンスは（Gary Gibbons）TS解に素早いコメントを寄せた一人だった。会議終了後、「ソルベー」まで間があったので「コペルニクスの旅」バスツアーに参加して、東北部の古い街々を旅した。その後に、コペンハーゲンで家内と一緒になり、またボーアゆかりの研究所でセミナートークをして、週末にブリュッセルに入った。

確かにソルベー会議の待遇は豪華で、初めのセッションにはベルギー国王が出席、一時間程の話を聞いて、そのあとカクテルパーティーがあった。会議は四〇名ほどの円卓形式であったが、その様子を当時書いている。[*11] 全てが初めての経験で戸惑いの連続であったが、「湯川の学生」だと、ホイラー[*12]が親切にしてくれ骨身にしみた。またペンローズやルフィーニなどを紹介してくれ、後の国際交流を広げる大きな財産になった。

カリフォルニア大学バークレイ校[13]

ＵＣ行きはＴＳ解で有名になる前に決まったもので、宇宙線実験のグループであるが、ボスはＧＥから大学に転じて間もなく、後にディーンも務めるような人当たりのいい人物で、「ソルベー会議に出て来たサトーだ」が自慢らしく、物理だけでなく天文や数学の人にも紹介してくれたり、物理学科全体の集まりで仁科賞受賞の報を主任が紹介するようなこともあった。メーザーの発見者であるタウンズの前で林フェーズの話をしたこともあった。ここでは、宇宙線の起源に戻ったテーマで論文を書いたが、この時イメージした超新星爆発時のモデルはSN1987出現時に再燃することになる。

＊10　ヤーコフ・ゼルドビッチ（Yakov B. Zeldovich）（一九一四―一九八七）はソ連の化学・物理学者で一九五〇年代まではサハロフらと核兵器などに貢献、その後は宇宙物理の理論で活躍し、多くの後継を育てた。

＊11　「海外通信　佐藤→牧」『素粒子論研究』48–3 (1973), 326、佐藤「その後のブラックホール」『自然』（中央公論社）一九七四年一一号。

＊12　ホイラー（一九一一―二〇〇八）はプリンストン大学教授としてファインマンなど多くの人材を育て、また「ブラックホール」の名付け親としても有名。『佐藤文隆先生の量子論』講談社ブルーバックス、第5章、を参照。第4章の＊12も参照。

＊13　ＵＣバークレイはサンフランシスコ対岸に位置するカルフォルニア州立大学の一つだが、現在一〇校あるＵＣの最初のキャンパスである。

上の子を地元の小学校に入れるなど、二人の子供連れの初めての海外生活はてんやわんやだった。スタート時には素粒子理論の教授である鈴木眞彦夫妻にお世話になった。日が経つと実に多くの日本人が大学や会社から来ていることがわかり、生活情報の助けとなった。この時の縁で、経営学の菊野一雄の夫婦のように、帰国後も長く付き合いが続いた人もいた。

大学闘争の余韻がまだ残るバークレイの街はヒッピー文化が花盛りだった。女子大生は引きずるような長いスカートをはき、大きな犬を連れている学生が多く、講義中、階段教室の平らなスペースには犬が五、六匹、きちんと座っている異様な光景が見られたものである。

帰国の一九七四年秋

留守中に教授に昇格して同じ部屋に戻った。原は京産大に、D1だった富松も広大理論研（竹原市）の助手に採用され、いなくなった。林に帰国の挨拶に行くと、分野がばらけた院生の状況に当惑を語っていたが、太陽系の方に一番大きく変わったのは林だった。ビッグバンや一般相対論を目指す若手が増えた。

この年は二つの大きな話題、ホーキングの「ＢＨの蒸発」と**J/Ψ**実験[*14]で湧いた。後者は牧たちの四元模型の検証と報じられ、基研周辺も熱気に包まれた。このクォーク革命を機に素粒子論は「標準理論」へと収束していった。その二〇年後、ポスト「標準理論」の量子重力には「蒸発」

論文が大きく絡んでくるが、当時は予想できなかった。

力の分岐図

超新星爆発の計算でニュートリノに関わっていた佐藤（勝）は素粒子助手の小林誠の示唆でWS理論をJ/Ψ前から勉強していたようだ。[*15] バークレイから帰国後間もなく、彼が、WSを宇宙に持ち込む議論をしたいとやって来て、長時間、「ベッタリとスカラー場が敷き詰められている宇宙」という奇妙なイメージを議論し合った。

一九七八年、東京で「標準理論」を画する素粒子の大きな国際会議があり、それを受けて雑誌『自然』に佐藤（勝）を誘って解説を書いたが、そこに「ビッグバン宇宙での力の分岐図」を提示した。四つの力（重力、弱い力、電磁気力、強い力）が宇宙膨張に伴い歴史的に出現した様子を表した図であるが、後に英文の論文にも入れたので、海外の解説本などにも登場した。

＊14　二つの加速器実験グループが同時期に四番目のクォークの証拠を捉えた。一方がそれをJ、他方がΨと名付けていた。一九七六年に三人がノーベル賞受賞。

＊15　電磁気と弱い力を同じゲージ場で統一的に記述するグラショー・ワインバーグ・サラム理論のことで、一九七九年にこの三人がノーベル賞を受賞した。

一九七五年トリエステ

一九七五年五月、レモ・ルフィーニが一ヶ月近く来日、これが縁で『ブラックホール』[*16]を出版した。この夏にはトリエステでの[*17]MG会議とヴァレンナでのフェルミ夏の学校に招待講演者として参加した。テーマは中性子星、ブラックホール、X線天文で、まだ素粒子物理との接点は皆無だった。トリエステの会はサラムがホストで、ディラック、ウィグナーなどと食事をするVIP扱いで「国際学界の一員になった」実感がした。ヴァレンナの方はジャコーニがボスだったが、この時の集合写真を見ると、後のノーベル賞組であるチャンドラセカール、ジャコーニ、テイラー、ヒューイッシュの外にもペンローズ、ウィルソン、バコールらが並ぶ豪華さであった。こうした場を踏むことで国際的に名の知られた存在になった。

基研の所長

一九七六年四月に基研の所長に就いた。当時の基研の人事は外部が大半の運営委員で決めており、事前に根回しもなく寝耳に水だった。就任早々、「お家の方に挨拶に行かれたら」と助言されて湯川邸に伺い、奥様に「今度の館長さんですか」と言われ、単なる京大の一部局でないことを悟らされた。

共同利用研の所長会議の当番になっていて、初代の南極観測隊長で有名な永田武らが来所した。霊長類研の所長から「祇園で接待しないと」と忠告されて言われるままにしたが、翌月の月給袋から大枚が抜かれてあった。後に大臣になる遠山敦子が文部省代表の補佐で同行していたが、京大の事務は女性役人の扱いに当惑していた。

湯川マター

湯川七〇歳記念行事が翌一月に迫っていた。前所長と湯川研ＯＢの徳岡善助らがお膳立てしてあったが、叙勲の手続きが新所長にまわってきた。功績証書の作文を終えてやれやれと思ったら、夏頃、ＯＢらから湯川は官職が低く勲章の位が心配だから所長が働きかけろと言われた。牧と知恵をしぼり、茅誠司[*18]に頼むとなり、ある会の立ち話で伝えると、茅は「受けるかね？」と意外な

*16　中公自然選書として一九七六年に出版、現在はちくま学芸文庫に収録。
*17　当時はユーゴと国境を接するイタリアの街トリエステは冷戦時の東西交流の窓口だった。パキスタン人のサラムはここにＵＮＥＳＣＯやＩＡＥＡの資金援助で運営する国際理論物理センターＩＣＴＰを設立した。かってはオーストリアの港町だった。
*18　茅誠司（一八九八―一九八八）は磁性実験物理で北大教授から東大理学部教授、学術会議初代会長、一九五七―六三年東大総長。

反応をされ、「心配しているようだよ」とも言われ、新たな課題を抱えて帰洛した。当時、近くの者は手術後で体調をくずした湯川を見ていたので、意気軒昂に叙勲辞退するなど想像もしなかったが、世間のイメージとのギャップに驚いた。来所した雑談の折に「周りの者が楽しみにしている」と湯川に申し上げ、茅の秘書にもそのことを伝えた。

湯川は退官後も基研の外部委員の正式メンバーで、また所長室も運転手付きの車もそのまま使われていたが、六年もすると奇異に見えてきた。名誉所長の内規を作って部屋や車はそのままにし、外部委員は外れていただいた。私より一〇歳ほど上の世代の委員達は、湯川との強い精神的紐帯の故か、合理的な措置に踏み出せなかったのだ。「よくやった」と言ってもらったが、湯川マターの重さを実感した。一九七八年一一月、基研二五周年の集まりがあり、朝永に接触したら病欠と聞き心配したが、文化勲章で来日した南部陽一郎に挨拶を頂いた。

講座増の奇策

湯川時代は講座要求を凍結していた。五講座以上だと当初は京大評議会の構成員になり、大学からの独立という共同利用研の理念に反するという趣旨も当初はあったようだ。予算要求のヒアリングでも湯川は「講座は増やさないで下さい」と言っていた経緯もあり、研究者の急増で基研も講座増を掲げたが、当局側からは軽く遇らわれていた。

所長二期目にはこれを突破する策を思案し「新講座に久保亮五[*19]を初代教授として招く」奇策に出た。統計物理学の講座増は研究所の既定方針だが、久保は新アイデアであった。一九八〇年三月に六〇歳で東大定年だが、六三歳京大定年まで新講座の教授に座ってもらうという案である。久保は「実現するかね？」と懐疑的だったが、「お役に立つなら」と容認してくれた。総長岡本道雄[*20]に伝えたら、即座に努力しようと言われたが、京大中の要求を背負っているから、一筋縄ではない。私の想像だが、総長は京大枠に押し込むよりは、文部省が望む別枠で実現しようとされた。「湯川先生の研究所」のイメージが強く、退任後はお役目終了みたいな流れもあった中、久保は「湯川後もつづく、オールジャパンの基研」という象徴になり得ると考えたのである。

大学・本省・政治家の仕来り

この時の細やかな体験で当時の大学・本省・政治家の一つの仕来りを垣間見た思いがするので、粗筋を記しておく。まず、話の信憑性を確かめるため総長が「東京に行った時に三人で会いた

＊19　久保亮五（一九二〇—一九九五）は統計物理学理論で東大理学部教授、京大、慶應大学教授。学術会議会長。二〇世紀末に英米物理学会の肝いりで編集した *Twentieth Century Physics*（IPP & AIP, 1995）で六三人の〝世紀の物理学者〟を一ページ枠で特記しているが、日本人で入っているのは湯川と久保である。

＊20　岡本道雄（一九一三—二〇一二）は脳神経解剖学で京大医学部教授、一九七三—七九年総長、その後、中曽根内閣の臨教審会長など。

い」と言われ、久保にも決心して出てきていただいた。次に総長は私の品定めなのだが、文部省の近くのレストランで審議官との昼食の席を設けた。当時、論客の定評のある人だったようで、総長は近年の物理学の動向と日本の位置みたいな大きな話を提起した。それを口火にこの人が一席やったが、評判通りの勉強家だと思った。一方、後年の私の文筆活動からも分かるように、こういう歴史的展開の話は得意中の得意であり、「そういう話なら」とばかりに喋りまくった。この一件は総長にいたく感銘を与えたようで、後の第12章で述べるように、岡本が色々のところに私の名前をノミネートしたようである。まったく「芸は身を助く」という感じであった。

次に総長は久保と担当課長をふくむ四者懇談の席をもうけ、そこでは大所高所の話だけで、講座増云々は一言も出なかったが、ともかく「要求」は大蔵省まで出ていった。政治色もなく、巨額でもない案件だから、自民党へ陳情など無縁と思っていたが、その時期になると、京大本部が「政治家のコネはないか?」と聞いてきた。どうも、最終段階で党から持ち込まれる案件があり、総額を合わせるために文部省案からこぼれ落ちるものが出るのだという。その安全柵として文教部会の議員へ陳情せよと。

たまたま一期前の文部政務次官で視察の折に湯川記念館に立ち寄った山形県出身の代議士がいると告げるとその人に陳情せよとなった。アポを前日に告げられ、早朝に伊丹から羽田に飛んだ。農林省の政務次官室に訪ね、お昼に文部省の担当課長を呼んで近くで食事をした。代議士は課長から省内の人事情報収集に大半の時間を費し、最後に「まあ佐藤先生もがんばってるんだから……」と言ってくれた以外は講座増のコの字も話に出なかった。この安全柵が効いたのか、講座増は実現した。

めどが立ち公表すると、思わぬ動きが顕在化した。「久保が所長をやる」ことの賛否である。私は久保から「別の話があり、所長はしない」が内密にしてほしいと言われていた。話とは慶応大学理工学部の立ち上げだが、「内密に」には東大総長選挙がからむ微妙な話のようであった。無用な議論になるのを避けるため、次期所長は私はやらないと表明して、早々と所長を決めて乗り越えた。東大総長には選出されなかったので、久保は新講座に一年在任して、慶応に移られる際には基研から小沼通二、米沢冨美子など三人も新学部にリクルートされ、新陳代謝に貢献された。

ことの性質上、隠密を貫いたので、討議を経ていないと批判もあったが、基研の講座の純増はこの時にしかなかったことからも分かるように「奇策」は正解だった。しかし、個人的にはまだ四二歳の春である、こんなことから「はやく足を洗おう」という思いも強かった。

第６章

漂流はじめた「物語」

——湯川終焉と「海外」と

「基研創立二五周年」

「それにつけても想い出されますのは湯川先生がノーベル賞を受けられた昭和二四年の頃であります。私は尚、医学部の助教授でありましたが、戦後の窮乏のあけくれの中に疲れることのみ多い毎日を送っていましたが〝一九四九年ノーベル物理学賞日本の湯川教授に〟との新聞報道は同じく科学研究に携わる私共に衝撃的感動を与えました。その夕の帰途にみた時計塔の灯は吉田山を背景にくっきり浮かび上がってみえました」[*1]。

一九七八年秋の「二五周年」[*2]の式典での岡本（道雄）京大総長の心に浸みる祝辞の一節である。手術後の経過は必ずしも芳しくなかったが、湯川は式典に出席し、その挨拶のなかで「大学当局にもいろいろご後援を願っておるわけでありますが、今後共、格段のご配慮をお願いする次第であります」と研究所の発展を当事者の視点で訴えられた。「小さな研究所」の存在意義をいってきたが、関係者の規模拡大でもはや「カバーしきれません」と、拡充計画に踏み込んだ挨拶であった。

手術で激変の湯川の風貌

京都でのパグウォッシュ・シンポジウムが予定されていた一九七五年五月に湯川が前立腺がんの手術をうけ、八月の会議には車椅子で出席する様子を映したテレビ報道で、多くの国民がその変わりように接した。一九七〇年の京大定年後に、自分がホストとなって各界の識者と対談・鼎談するNHKTV連続番組「人間の発見」で、テレビ時代の到来で多くの人が映像によって湯川に接する機会が深まった矢先だった。[*3]

手術前は、一週おきの『プログレス』編集会議に出席し、終了後、会議室に移動して出前弁当

＊1　LEDでノーベル賞を受賞した赤崎勇は京大新入生だった当時を次のように回顧している。「尤も私にとっては、湯川先生も、先生のご研究も、雲の上のことであり、到底、先生のようなことは出来ないが、何か小さいことでも、今まで誰もやっていないこと、あるいは実現できていないことを、いつか自分もやってみたいと、夕暮れの近衛通りを歩きながら思ったことを覚えている」(「私の京都」『京大広報』、二〇一六年三月)。

＊2　一九五二年に湯川記念館が完成し、翌年に共同利用研究所の新制度のもとで基礎物理学研究所が発足。

＊3　北村四郎「植物的世界観」、渡辺格「分割の果て」、宮地伝三郎・福永光司「荘子の世界」、作田啓一・多田道太郎「休みの思想」、なだいなだ「おそれ」、司馬遼太郎・上田正昭「歴史の中の人間」、源豊宗・吉田光邦「自然の中の人間」、五来重「西行の世界」、水上勉「情」、庄野英二・森本哲郎「メルヘンの世界」、市川亀久弥「生きがい」、「心の遍歴」。『湯川秀樹対談集Ⅲ　人間の発見』講談社文庫に記録がある。

を食べながら雑談するのが湯川に接する定期的な機会であった。[*4]話題は野球のナイターに及んだり、話が弾んで一、二時間に及ぶことも多かったが、手術後は、体調による欠席もあり、弁当をとる場合でも我々も気を遣うので談笑風発ではなくなった。

定年直後に湯川は「七竅未窄の着想を鼓舞する」趣旨の渾沌会という研究会を始めた。一九七一―七八年の間に五九回も開かれ、私も七回報告している。この会の世話人は田中正と、東京に行くまでの益川だったと思う。手術後のことであったが、ある若い研究者が後の素粒子物理の標準理論の解説をしている最中に、「こんなおかしな話は聞いたことがない」といって席を立ったことがあった。[*5]自分の描く姿とは別の姿で大団円を迎えようとする状況を正確に捉えた行動といえた。この「若い研究者」は、多分、小林誠であったと思うが、記憶はないようだ。

サロンでのお茶の会は三時からだった。「ケーキに七本のローソクを立て、先生に一気に吹き消してもらおうとしたときに珍事がおこった。ご病気後、先生はあごひげをのばしておられたが、しゃがみ込んだ拍子に突然あごひげにチリチリと火がうつったのである。そばに立っていた私はとっさにパチリと先生の頬を平手打ちして火を消した」。[*6]手術後の長年親しんだ風貌の変化には最後まで馴染めなかった。この時期が報道の映像技術の転換期と重なり、後世に使われる映像で手術後のものが定着したのは残念である。求道者のようなあの思いつめた風貌は似つかわしくなく、湯川の生涯はもっと明るく華麗なものであったと思う。

手術前の元気な湯川の周辺にいたことで三〇歳を過ぎた頃から執筆などの機会が降ってきた。湯川総編集『岩波講座　現代物理学の基礎』の一冊の分担執筆をしたが、この打ち合わせが柊屋[*7]であり、そんな高級な所に入るのは初体験でもあった。また、梅原猛、市川亀久弥、河合雅雄らが湯川を担いで始めた『創造の世界』[*8]の席にも招かれた。当時、こういう会合は料理旅館であり、研究室や会議室とは違った気分を醸成した。これらはTS解で名が広がる以前の話で、ビッグバンや一般相対論の再生という派手なテーマの語り手になったことによるが、それがすぐ活字になる機会が多かったのはやはり湯川周辺にいたからであろう。

＊4　基研移籍後に私も出ていたこの場の常連は牧二郎、位田正邦、小沼通二、田中正、玉垣良三、徳岡善助らである。
＊5　佐藤『科学と幸福』岩波現代文庫、第三章。
＊6　佐藤「偉人湯川」、桑原武夫・井上健・小沼通二編『湯川秀樹』日本放送出版協会、三一二頁。この珍事は牟田泰三『語り継ぎたい湯川秀樹のことば　未来を過去のごとくに』丸善出版にも記されている。牟田は私と同年に京大物理から基研に移り、その後に広島大学教授となり学長を務めた。
＊7　林忠四郎、早川幸男編『宇宙物理学』。林、杉本大一郎、佐藤、伊藤謙哉、蓬茨霊運、早川が執筆。
＊8　季刊誌『創造の世界』（小学館）は一九七一年創刊、湯川は「天才論」を展開した。最初に招かれたのは一九七二年三月で同年一〇月発行誌に掲載。

〝活字になる〟をめぐる感覚は当時とネット時代のいまでは絶大な差がある。知識の伝達が活字独占であった時代では、宴席の会合費も含めた制作費が回収できたのである。バブル期の八〇年代、企業の広報活動も含め、出版物は一時急増したが、〝活字になる〟に対する畏敬の念は消えていった。華麗な出版文化を垣間見た直後、「手術後」の七〇年代後半にはこうした機会が突然消えたのは寂しい限りであったが、それは「一九六八」後に着実に始動した学問と社会の関係の変容の先取りだったのかも知れない。

一九七七年の夏の世界一周

七〇年代半ばを境に、自分の中でも「圧倒的な湯川の世界」からの脱皮が始まった気がする。山形から湯川のオーラに惹かれて京都にやってきて、by name で湯川から認識され、果ては基研の所長として〝見送り役〟までする羽目になったが、この「圧倒的な湯川の世界」からの脱皮である。この「脱皮」が、「元気な湯川の終焉」とほぼ同時期になったが、それは全くの偶然であり、自分の海外体験が契機であったろう。

一九七五年の欧州行きに続き七七年の夏にもボストン、トロント近郊、カールスルーエ、ローマ、シチリア、ミュンヘンと地球を周る大旅行をした。伊丹から羽田に飛び、航空運賃込みのタクシー送迎つきで真新しい京王プラザホテルに一泊して翌朝羽田からニューヨーク経由でボストンまで飛び、ハーバード大学IOAのジャコーニを訪ねた。少し前に小田稔の依頼で夫妻の京都観光の世話をしたので、アインシュタインX線衛星のPIで超多忙な身だが懇ろに機器をみせてくれ、私のセミナーも設定してくれたが、そこにワインバーグがやってきたのには驚いた。

米東海岸に来た主目的はウォータールー大学[*9]でのGRG[*10]参加であったが、この時のスターはブラックホール衝突のシミュレーション映画を披露したスマーだった。彼はその後スパコン研究所の所長になった。この情報は京大での数値一般相対論グループの発足につながった。また量子エンタングルEPR論文のR（ローゼン）のトークにも接した。そこから西独に飛び、里帰り中の留学生ホーンゼラールスをカールスルーエに訪ね、その後にニースに飛び、ルフィーニ、ウィルソン[*11]と空港で落ち合い、ジープでルフィーニの家系の故郷だというアルプス山中のラ・ブリーグ（la Brigue）に向かい、その後、半島をローマまで下り、途中、衝突事故もあった。数日滞在後、再びジープでシチリアに向い、途中、ジョルダーノ・ブルーノの生地であるノーラにも立ち寄り、フェリーでシチリア島に入り反対側のエリーチェまで走った。古い街の修道院を改造した宿泊型

＊9　この大学開発のソフトMapleの売り出しの頃で、コンピューターによる数式演算の相対論へ利用も始まり、TS解の演算がベンチマークの一つになっている。
＊10　「一般相対論と重力」学会主催の国際会議。
＊11　ジェームズ・R・ウィルソン（James R. Wilson）（一九二二―二〇〇七）はリバーモアのローレンス研究所にあって、超新星爆発、ニュートリノバーストなどのシミュレーションを行ったパイオニア。

の研修施設に到着し、そこでの一般相対論の研究会に参加した。[*12] 海水浴ではしゃぐ若者にはもうついていけなかった。帰りは予定を変更してパレルモからロンドンに飛び、そこで時間調整して、最後の予定地ミュンヘンのＭＰＧに出向き、エーラースがアレンジしたセミナーをした。ここは一般相対論研究の牙城の一つで、一般相対論にＴＳ解で急参入した者には怖い連中だった。大阪に帰り着いたのは出発から四〇日目だった。

アインシュタイン生誕一〇〇年とＭＧ会議

六〇年代の「宇宙の発見の時代」で一般相対論に物理学の血が流れ出し、七四年の「クォーク革命」で急転した標準理論完成は一般相対論を嚆矢とするゲージ理論による統一理論への展望を開いた。このようにしてアインシュタインが最高にハイライトされた時期と「アインシュタイン生誕一〇〇年」が一致した。

幾つもの顕彰行事が計画されたが、私もトリエステでの記念会議の諮問委員として参加した。またこれを七五年の会議に続く第二回のＭＧ（マーセル・グロスマン）会議[*13]として継続することとなり、その創設メンバー[*14]の一人に名を連ねるとともに、その後二〇年余り、開催地選定やプログラムの準備に実質的に関与した。厳密解という地味な領域の国際的な一つの集結場所にもなった。また日本からの参加者を増やす資金面の算段もして、若い研究者の国際デビューを助け、ＭＧでは日本の参加が数でも役割でも重きをなしていった。ＭＧ２には日本から十数名も参加した。冷戦下ではトリエステは中立地帯であり、中国や東側からも参加者が多く、ＭＧのキックオフとして成功した。

周陪源と朝永の訃報

会議の最中の一九七九年七月八日、朝永の逝去を知らすテレックスを牧から受け取った。サラムに伝えると全体会議の時にアナウンスされて全員黙祷をした。その後の休憩時には周陪源はじめ多くの人から朝永への弔問の言葉を受ける役回りになり、面食らった。ディラックがホテルからの坂道をゆっくり上る姿を見た。また十数名の中国からの一団は目を引いたが、団長の周は八二年のＭＧ３を上海に誘致した。「文革」からの脱却を含む中国内の動きについては別に書いて

＊12 佐藤『数理科学』二〇一八年一二月号コラム「重力波検出古事記」。

＊13 マルセル・グロスマン（Marcel Grossmann）はチューリッヒ時代のアインシュタインと同級生で、一般相対論とリーマン幾何を結びつけた数学者。

＊14 ＭＧ２の諮問会議メンバーはChoquet-Bruhat、Chou PeiYuan（周陪源）、Ehlers、Hawking、Kaddoura、Neemann、Ruffini、Salam、Sato、Weinberg、Zeldovich。KaddouraはＵＮＥＳＣＯの幹部。その後の開催地は上海、ローマ、パース、京都（一九九一年）、スタンフォード、エルサレム、ローマ、リオデジャネイロ、ベルリン、パリ、ストックホルム、ローマ、ローマ。

いる。[*15]

七月一六日帰国してすぐの一八日、朝永の葬儀が青山斎場であり、基研所長として出席した。他の用事も兼ねた上京なので喪服は着ていないが、斎場で案内された席はみな正装の前の方で、針の筵だった。開式直前にすぐ前の席に大平正芳総理大臣が着席、その大柄な背中の影に隠れて小さくなっていた。所内にいると、日本一小さい研究所の意識であるが、歴史的には重要な存在なのだと認識させられた。

七〇歳の折に朝永の集中講義「量子力学と私」を田中正がアレンジし、一九七六年一〇月に京大に来られた。この時に学部生時代の講義室を見たいと言い出され、正門西側の赤レンガ建物にある階段教室に私もついて行った。湯川も語っておらず、長く京大にいても初めて知ったが、「故郷は遠きにありて想うもの」で、離れると気になって来るものかも知れない。

一九八〇年、中国訪問と「林還暦記念」

一九七八年暮に中国の科学技術協会から一ヶ月滞在の招待状が届いていたが、所長を離れた気分直しも兼ねて八〇年四月に訪中した。[*15]まだ研究者も人民服の時代である。

林が六〇歳になる八〇年七月に星の進化をテーマにしたＩＡＵシンポが開かれた。内容的には東大に移った杉本大一郎が準備し、私は開催地での世話という役回りであったが、サルピータなどの著名なベテランの宇宙物理学者に接することができた。雑誌『自然』の企画で、杉本と私が聞き役で林に研究歴を話してもらったが、初めて聞くことが多かった。[*16]

ニュートリノ質量とテキサス・シンポジウム

一九八〇年春、原子核絡みの実験でニュートリノ質量が話題になったとき、いち早くこれを宇宙の大規模構造と結びつける議論をし、当時、ポストドック（PD）で基研にいた高原文郎と論文を書いた。世界的にも早かったのは、六〇年代から素粒子と宇宙物理の関係をサーベイしてきていたからだ。実際、暗黒物質と宇宙構造の議論は何回も浮上し消えていった歴史があった。バークレイでの私の前任者がポストを得てインドに帰る際に京都に寄った時にも「もしニュートリノに質量があれば……」という議論をしていた。

この年の一二月にボルチモアでの第一〇回テキサスシンポに招待された。この「シンポ[*17]」は六

＊15　佐藤『歴史の中の科学』、青土社、第九章「アインシュタイン生誕一〇〇年と「改革開放」初期――周陪源と方励之」。「文革」後の中国国内の動きについては、Danian Hu, *China and Albert Einstein*, Harvard UP, 2005.

＊16　佐藤『宇宙のしくみとエネルギー』朝日文庫、「林先生の研究遍歴」に再録。

＊17　オイルマネーで沸くが学問からは縁遠い六〇年代初期のテキサスに、重厚な一般相対論の学者が集まっていた奇異さが、六〇年代に再生する以前の一般相対論の置かれていた状態を物語っている。核物理などのミクロの物理でなければ主要大学にポストはなかったのである。

三年にテキサス大の一般相対論者がクエイサー発見に刺激されてはじめ、ＢＨ研究の活況で一気にメジャーな会議となった。八〇年当時には隆盛を極めており、講演した全体会議は七〇〇人を越すような盛況だった。

この注目の会議に招待されたのには、論文が早かったほかに、次の幸運も多分あったと思う。夏の林還暦のシンポの際に、サルピータ（Edwin E. Salpeter）にプレプリントの中身を説明できたことだ。彼も学生と質量ニュートリノでの構造形成のシミュレーションをやっていて、我々の仕事を印象付けた。コーネル大の彼はボルチモア大会の組織委員だったから、多分、私をノミネートしたのである。世界的には四つほどのグループが同じような論文を独立に書いたが、ソ連・ポーランド組と日本の我々の米国でない海外組に全体会議で喋る機会を与えたようだった。私も事前に似た話になると思ったので、「力の分岐図」も含む素粒子宇宙論の話に拡大して講演した。それでも、大物司会者のホイラーが皮肉交じりに「二人で示し合わせたのか」とか言って会場の笑いをとっていたが、同じになるのは正解だからである。

グースとディラック

この時予期せぬこともあった。会議のオーガナイザーがいるワシントンＤＣのＮＡＳＡの研究所にまず行って開会前日にボルチモアに車で移動したのだが、研究所でカザーナス（Kazanas）が接触して来て、グースとの夕食をアレンジをした。彼は夏までNORDITAにおり佐藤（勝彦）を知っており、やはり指数的膨張の論文を書いており、京都での進展を知りたかったのだろう。大会が始まってグースの発表はまだ注目の全体会議でなく夜の分科会で行われたが、聴衆が部屋からはみ出る程の盛況さに驚いた。討論も熱が入り、途中でケンブリッジから到着した男がホーキングの意見を紹介したりしていた。[18]

会議中にディラックのそばにいる人から誘われて、娘のもとにいるディラックにフロリダまで会いに行き、[19]クリスマス休暇でごった返す飛行機を乗り継いで大阪に帰り着いた。

内外の周辺研究者

所長業と海外周りで、京大の院生まではしばらく目が届かなかったが、中村卓史、前田恵一、観山正見、小玉英雄、佐々木節などの人材が自力でスタートを切っていた。特に数値相対論の（中国「文革」四人組に擬えた）「四人組」は林研の数値計算能力の資源を一般相対論に結びつけ、その後も中村がこれを推進して、重力波観測解析を担うグループを育成した。天文学でのシミュ

*18　アラン・グース（Allan Guth）（一九四七―）の論文がインフレーション説の爆発的なブームを引き起こしたが、理論の具体的なかたちは変転を繰り返しており、新たな観測を待つ情況にある。

*19　佐藤「フロリダのディラック先生」、『数理科学』一九八一年五月号。

レーションに転向した観山はのちに国立天文台の台長を務めた。前田と佐々木は宇宙論で活躍し、佐々木は基研の所長を務めた。

「学振」や基研の助成で海外からやってくるＰＤや中堅研究者も増えた。ＴＳ解そのもので学位を取りたいとドイツからやって来たホーンゼラールスは、日本で結婚し、欧州に帰って厳密解研究界の顔になった。

一九八一年カリフォルニア

テキサスシンポの時に一九七九年にスタートしたＵＣサンタバーバラのＩＴＰ[*20]での滞在型のワークショップに誘われたのがきっかけで、これに合わせて家族で夏休みをバークレイで過ごす計画に発展した。会期末の普通の研究会は別にして、一ヶ月近くも滞在している参加者はタナー[*21]たちのような素粒子から宇宙に転向して来た若い研究者が多かった。ここの後にシュラム[*22]をシカゴに尋ねた後、バークレイに妻と子供たちがやって来て、レンタカーでヨセミテなど各地を訪れて、家族サービスした。五月中旬にでて帰ったのは八月末だった。

帰ってまもなくの九月七日、久しぶりに『プログレス』の編集会議に出たが、湯川は欠席だった。四月にパイエルスが基研に来た時には湯川も来所して集合写真を撮ったし、また、直前の八月一七日の編集会議には出ていらしたようだ。

九月八日午後、湯川家から逝去の電話が入り、まもなく研究所内の電話があちこちで鳴り出した。外線に沢山入ったので、京大の交換手さんが次々と別の内線に繋いだのだろう。湯川の存在の大きさを確かめるように、鳴りひびく響めきをただ聴いていたものである。

＊20　ＩＴＰ（Institute of Theoretical Physics）は基研の大学共同利用研方式を参考に構想された。一九七九年に設置された当初はＮＳＦが運営費を出資していたが、二〇〇二年からカブリ（Kavli）財団の出資となりＫＴＰと改名。

＊21　マイケル・Ｓ・ターナー（Michael S. Turner）（一九四七—）は素粒子宇宙論旗手の人一人で、シカゴ大教授、ＮＳＦの Math-Physics 副主任、米物理学会長など歴任。その後、彼とはレニングラード、シュラム邸、ワシントンＤＣなどで顔を合わせた。

＊22　デヴィッド・シュラム（David Schramm）（一九四六—一九九七）は CalTech の天体核の研究で頭角をあらわし、シカゴ大に移ってからは素粒子宇宙論の騎手で、副学長の在任中に自家用飛行機の事故で急死。学生時代はレスリングの選手で、力強い行動人であった。一九七九年に京都に来た時は息子と富士山に登っていた。彼には以後何度も顔を合わせた。佐藤「シュラムの〝億ション〟」『窮理』（窮理社）一三号。

中学以来の友人で湯川記念財団の理事長であった湯浅祐一（湯浅電池会長）が直ちに葬儀委員長についた。湯川家と研究所にも通じており、会社の手足もあるので、葬儀準備は万事スムーズに進んだ。私も警備要請に川端署に出向くなど、降りてくる指令で動いた。一九日の知恩院での葬儀当日は、所長があまり動けないので、私はＶＩＰの応対係だったが、東京での朝永の葬儀と違い、大物政治家などは現れなかった。前年に教授に赴任していた益川は会計係だったようだ。一般の弔問も受け付け、参会者は約一五〇〇人ぐらいだったと記憶する。

研究所としては、葬儀の後の追悼行事が本番だった。一〇月三一日、理学部と基研共催で「講演会」と「展示会」が企画され、私は追悼会の司会役だった。[*23] このとき小沼、益川らと一緒に展示用のパネル一六枚を作成した。写真や湯川の言葉を配して、ある枠内に全体をどう描くか？これは結構創造的な作業であり、「湯川」への自分の知識もこのとき広がった。その後、貸し出されたりして、このパネルは多方面に利用された。

追悼会の少し前の一〇月一一日、ホイラー夫妻がアジア旅行に合わせて湯川追悼のために京都に立ち寄られた。仏壇にお参りするため私は湯川家に二人を案内した。

漂流はじめた「物語」

はからずも湯川の周辺で仕事をしだして間もない突然の終焉と同時進行で、我が身は海外に漂流し出したというのが七〇年代後半の実感である。どこかチグハグなこの文章も、この二つが物語として繫がっていないからである。アインシュタインやキューリー夫人に惹かれて科学を目指したのと違い、「湯川に……」とは「日本人受賞者」という同胞意識であり、世界に連なる窓を内側から見る視点であった。基研に出入りしてからも、そこは日本の物理が世界に繫がる窓であり、同じ物語が継続していた。米帝のベトナム侵略が苛烈を極めた六〇年代末に〝僥倖のNASA行き〟を断ったのも内側の日本的決断といえた。

要するに科学という普遍への憧憬に見えて、その実は「遅れた日本を引き上げる」など、全ては日本に回収する同胞意識あるいはナショナリズムなのであった。それに対して運もあって急に海外に広がった自分の動きは、このナショナリズム物語の融解であったように思える。そう若くもない年齢で初めて接した海外は、研究の方便ではなく、自分を有頂天にさせる、それ自体として圧倒的に迫るものがあった。それは科学そのものの見方にもあった。整然とした論説として「五〇―六〇年代」に国内で説かれた科学像と現実は程遠いものであることに気づき、物理学の研究課題同様に、自分の興味を引きつける課題になった。尤もこれは「内外」の差だけでなく、「一九六八」ショックの学問世界への浸透という、空間的時間的に進行する変容でもあったので

＊23　追悼会（一時三〇分〜六時三〇分）の次第は、山口昌哉理学部長、沢田敏男総長、牧所長の「挨拶」、田中正の「湯川先生と素粒子論」、休憩後、貝塚茂樹、小堀憲、小林稔、谷川安孝、井上健、林忠四郎、福留秀雄の「思い出」話

あろう。

“Japan as No. 1”を経て国民の多くが海外を自由に回遊する近年、科学研究は、オリンピック競技のように、ノーベル賞獲得を目指す、ナショナリズムの発露の一つであるという様相を呈している。社会が自らの財産として科学の研究動向に目を開く窓としてではなく、同居人の親近感で一流国家を誇らしく感じさせてくれる内向きの慶事に変容しているように思える。冒頭に記した七〇年の歳月を隔てた「日本人受賞者」の意味の前に粛然とする。

第７章

科学で広がる世界と人々

——想像を超えて

「宇宙を顕微鏡で見る」[*1]

プレパラートに置いた渦巻銀河を顕微鏡で見ている男が「あー、宇宙だ！」と叫んでいる。こんなマンガをトラペ[*2]に描いて、よく講演に使っていた。「標準理論」が定着した一九八〇年前後である。宇宙は望遠鏡で見るものだが、ミクロ世界の探求ツールである顕微鏡で宇宙を見ている意外性を表現したのだ。

この男のTシャツにGUT[*3]の文字がある。この時期、「標準理論」は終結でなくGUTへの入り口と目されていた。七八年の吉村太彦による宇宙バリオン数生成、八〇年には質量ニュートリノなどのDM（暗黒物質）での構造形成、八一年にはインフレーション宇宙、そして八二年に量子論的な密度ゆらぎの形成、宇宙ひも、超対称性粒子などなど、まさに両手一杯の「宇宙もの」の課題をもってGUTは現れた。素粒子宇宙論という新語が流通し、『宇宙論と統一理論の展開』[*4]が輝いて見えた。

「統一」の融解

理論の展開を引っ張ったのは、我々の「膨張宇宙での相互作用分化図」もその典型だが、多様な現実に分化する前の「統一」体の希求である。だが歴史を逆に辿るのはユニークでなく、試行錯誤の大量の論文生産でバブル的活況を呈した。「統一」の理念が先行するも、実験が追いつかずに理念の融解が始まった。当時、基研の掲示板に「週刊ＫＫニュース」[*5]という論文情報が貼り出されていたが、理論と実験のサイクルが回らず、流転する雰囲気を反映していた。

＊1　佐藤「顕微鏡で宇宙を見る」『自然』（中央公論社）一九八四年四月号、『宇宙を顕微鏡でみる』（岩波現代文庫）、二〇〇一年。

＊2　口頭発表での画像提示の形態は「ビラ」「スライド」「トラペ」「パワポ」へと変遷した。

＊3　Grand Unified Theory の略で、重力を除く三つの力の大統一理論をさす。クォーク・レプトンとゲージ原理を基礎にする点では一緒だが、ＱＥＤ（量子電磁気学）とニュートリノが関わる弱い力を同じ対称性のゲージ場で記述する電弱理論は「統一」と言えるが、強い力のＱＣＤ（量子色力学）は具体的に電弱理論と結びついてはいない。ＧＵＴは電弱理論とＱＥＤを結びつけるもの。

＊4　佐藤文隆編集『宇宙論と統一理論の展開』（岩波書店、一九八七年）は『科学』（岩波書店）所載の解説・論考を再掲したものだが、好調な売り上げであった。

＊5　当時よく目にしたアパート情報誌『週刊賃貸ニュース』をもじったもの。ＫＫとはカルツア・クライン理論の意味で、統一を多次元空間のコンパクト化で行う。一九二〇年代のアインシュタインの統一場の時代の試みだが、ＧＵＴや量子重力で再生した。

GUTの最大予言は陽子崩壊で、[*6]その検出実験がカミオカンデで始まった。[*7]陽子崩壊で発生する高速レプトンが水中で発するチェレンコフ光を光電子倍増管で検出するのだ。KAMIOKANDEのNDは核子崩壊（nucleon decay）の意味だったが、その後のこの装置の活躍でNDはニュートリノ実験（neutrino detection）だと読み替えられた。

「一九八四年の虚脱感」

GUT直接検証の陽子崩壊を、観測開始時から多くの人が固唾を飲んで待ったが、一年しても二年しても崩壊のシグナルはなかった。小柴グループの学会発表には多くの人が詰め掛け、床に座って聴いたものだが、第一報は「ノー」だった。過剰期待の反動もあり、その頃、「一九八四年の虚脱感」と書いている。[*8]「ノー」の第一報は単に「未だ」とも解釈できるが、結局、その後も見つかっていない。そこで、地上実験でなく、宇宙現象に証拠を探そうとするが、隔靴掻痒の感があり、進展は失速した。この一件で簡潔なGUT理論に赤信号が灯り、一挙に重力を含む超弦理論での統一へと流行の潮目が変わった。これは既存の理論を収納する宝物館の造営のようなもので、壮麗なわりに現実からは切れていった。

ＴＳ解その後

前述のような学界全体の祝祭的な雰囲気の盛り上げに私も関わったが、この時期の自分の手元の動きは「ＴＳ解のその後」[*9]と「膨張宇宙での構造形成」であった。山崎正利らによるＴＳ解の拡張の試みは世界的にも多くあったが、この時期になってソリトンで開発された非線形微分方程

＊6　陽子などの核子がミューオンなどのレプトンに崩壊するプロセスである。ＧＵＴの重要な予言だが現在もまだ発見されていない。平均寿命は宇宙年齢よりはるかに長いが、水槽中の多くの核子を監視することで、確率的に短寿命で崩壊する事象が検出可能である。

＊7　神岡鉱山の坑道を利用した巨大水槽内のチェレンコフ光を検出する実験で、小柴昌俊が始めた。当初の目的は陽子崩壊だが、検出エネルギーを下げることで太陽ニュートリノを狙い、また高エネルギーでの宇宙線ニュートリノに目的を変えた。そこに一九八七年の超新星が現れ、そのニュートリノ検出で、小柴は二〇〇一年のノーベル賞に輝いた。梶田隆章は宇宙線ニュートリノの上下非対称を発見し、戸塚洋二らの尽力で完成した後継機スーパーカミオカンデによって、ニュートリノ振動を発見し、二〇一五年のノーベル賞につながった。

＊8　佐藤『物理学の世紀』集英社新書、一九九九年、一四九—一五二頁。

＊9　『数理科学』（サイエンス社）一九八三年三月号はＴＳ解一〇年特集号「ブラックホールとソリトン」。ＴＳ解は厳密解の専門書（H. Stephani, et al, *Exact Solutions of Einstein's Equation* や V. Belinsky et al, *Gravitational Solitons* 共に Cambridge UP）に登場した。ドイツから留学生で来ていたホンゼラー（C. Hoenselaers）は前の本の共著者に名を連ねており、後の本の著者ベレンスキーも京都に一年滞在していた。また、F. Ernst, W. Kinnersley からは昇格などの推薦状を頼まれた。相対論の論文はテーマが数学的で物理教室では評価されにくいが、ＴＳ解で脚光を浴びるようになった論文もあった。

式の数理理論との関係が明らかになった。TS解を特徴付ける整数δは回転対称の軸上のカー解BHの個数と関係しているという理解に達し、大原謙一とこの様子を図示してみたりした。しかし次第に、その筋の専門家たちが、手の届かないところで、解明していく様を見届けるだけになった。量子重力とも絡んで、近年、TS解の時空物理解明の論文も出てきたが、これもフォローする側である。

膨張宇宙での構造形成

天文観測で銀河が網目状に分布する大規模構造が明らかになった。密度の高い領域のサイズとニュートリノ質量を関係付ける議論をしていたが、次は大規模構造の空洞に着目した。この大規模構造を重力で作用する多体系の動的な姿として再現するシミュレーションが流行ったが、私は空洞成長のメカニズムを簡単なモデルで理解しようとした。

膨張宇宙で密度の高い領域が収縮に向かうことは教科書にも書いてあるが、逆に、密度の低いところが宇宙膨張より速く膨張して、周辺の球殻に物質が堆積されていく様子を簡潔に分析した論文がなかった。このテーマで、自分では珍しく、一〇篇近く書いた。一九八三年夏のパドヴァでのGRG10の招待講演ではこのテーマで相対論屋らしい数学的にスッキリとした発表ができた。東大に佐藤（勝彦）研ができて最初の学生だった須藤靖の最初のテーマもこれだった。これらは非一様宇宙モデルの専門書にも定番として載っている。[10]

方励之と多重結合空間

当初の天文学的興味から転じて、閉じた宇宙空間で空洞が全体に広がった結末は何かといった理論的興味に移り、空洞成長をイスラエルの時空貼り合わせ手法で展開した。こうした奇抜な空間モデルに興味を持つ中でトーラスのような曲率がゼロの閉じたサーストン（W. Thurston）らの空間形の数学の知識を工学部数理にいた松下泰男から得た。そして膨張宇宙が実際に閉じた空間なら古い天体の光はグルグルと回るから同じ天体が何回も観測される。このことを、準星赤方偏移の離散的な規則性と関連づける論文を方励之と書いた。これが八五年度のＧＲＧの Gravity Award の一等賞[11]に選ばれ、方にとってその後の政治的な激動の中で意味を持った。[12]

＊10　A. Krasinski, *Inhomogeneous Cosmological Models*, Cambridge UP.
＊11　受賞者リストは gravityresearch awards の検索で辿れる。
＊12　方励之（Fang Lizhi）（一九三六―二〇一二）は中国の宇宙物理学者で、中国科学技術大学副学長の立場で民主化運動を進め、党を除名され、天安門事件（一九八九年）の時に米国に亡命。一九八一年から翌年にかけて四ヶ月、京大に滞在。また九二年、九八年にも京都に来た。『方励之記念文集　科学巻』明鏡出版社、香港に追悼文寄稿。佐藤『歴史のなかの科学』（青土社、二〇一七年）第九章「アインシュタイン生誕一〇〇年と「改革開放」初期――周陪源と方励之」、『京都新聞』「天眼」二〇一九年一月六日「平成の追憶　京都の方励之」。

名古屋大観測とビッグバン不信

素粒子宇宙論が喧伝される中、ビッグバン宇宙の観測の進展は遅々としていた。そんな時期に一石を投じたのが名古屋大の松本敏雄らの超遠赤外線での背景放射の観測だった。ＣＭＢのプランク分布からのズレが八二年頃に示唆され、一時期、国際的に注目を集めた。以前から標準の hot でない tepid 宇宙モデルについて書いているカーが基研におり、この修正宇宙モデルと名古屋大のデータの関係を論じた。

当時、ビッグバン不信が広がる中、天文学的に宇宙論を担ってきた大御所のホイル達が連名で定常宇宙論を再展開する一幕もあった。こうした状態は九二年のＣＯＢＥの観測[*13]で一掃されるのであるが、一九八〇年代、しばらく続いた。不信の一つに構造形成の種となるＣＭＢのゆらぎがあった。ゆらぎの当初の理論的推定は一〇〇〇分の一程度だったが、地上からの観測ではなかなか姿を見せなかった。人工衛星によるＣＯＢＥでやっと一〇万分の一の底に突き当たったが、それまでは底なし沼の不安があった。ここで光っている天体構造の背後にＤＭの密度構造があることになった。

基研に外国人客員講座ができて最初に招いたのがカー[*14]だった。ケンブリッジ大天文のリース[*15]の推薦だった。カーは日本人と結婚するなどその後もながく日本や仏教と関わっている。このポストにはその後、イスラエル[*16]、ベレンスキー[*9]などが就いた。

一九八三年夏、前からGRG10でパドヴァに行く予定はあったが、後述のチャンドラセカール

*13　人工衛星COBEがCMB（宇宙背景放射）を測定した。チャレンジャー号事故（一九八六年）で遅れ一九八九年一一月に打ち上げられ、一九九二年にスペクトルと密度揺らぎの地図を発表し、二〇〇六年のノーベル賞に輝いた。COBE前は、天文学の大物達であるH. Arp, G. Burbidge, F. Hoyleらが「銀河外宇宙に付いてのもう一つの見解」というビッグバンを否定する論文を書いて*Nature*（Vol. 346 (1990), 807）に掲載される時期であった。

*14　バーナー・J・カー（Bernard J. Carr）（一九四九―）ケンブリッジでリースやホーキングのもとで研究したのちQML教授をつとめた。ケンブリッジ仏教協会会長。

*15　マーティン・ジョン・リース（Martin John Rees）（一九四二―）は、銀河中心核のブラックホール説など広範な理論を先導した。後にケンブリッジ大学トリニティーカレッジ学寮長やロイヤルソサイエティ総裁に選ばれ、サーからロードに爵位を極めた。

*16　ヴェルナー・イスラエル（Werner Israel）（一九三一―）はカナダの相対論学者でBH唯一定理などに貢献。はじめアルバータ大学の同僚の日本人学者を介して話があり、一九八六念頃基研の客員教授として妻と滞在して大の京都ファンになり、一〇年ほど後に再び長期に滞在し、夫妻は多くの人々と交わった。詩人でもある彼の妻インゲと私の家内はその後二〇年もメール交換をしている。

招聘や物理学会がらみの第一回アジア太平洋物理学会でのシンガポール行きがはいり、慌ただしい出発だった。留学生だったホンゼラーの車でドイツからアルプス越えでイタリアに入った。パドヴァの後、ローマに移動し、そこからレモの学生たちとブルガリアへ船・鉄道・バスの奇妙な旅をした。[*17] パンポローポという山間の避暑地でCOSPAの会議があり、スニャーエフなどソ連の学者に会った。名古屋大の観測の発表のために早川幸男も来ていた。帰りはソフィアに出て、小まめに飛行機を乗り継いで帰ってきた。

この年、*Nature* 誌は「日本の科学」特集を組んだ。[*18] ハイテクで世界市場を席巻しだした日本に対する関心である。基研も取り上げられ私もインタビューを受けた。この特集のテーマは「成功のマジック・フォーミュラは何か?」で、MITI（通産省）、NRIJU（大学共同利用研）や筑波学研都市に注目し、ソニーの菊池誠が成功の秘訣を語るなど、時代の差を感じさせる。

一九八四年の頃

この年の春のリフシッツ夫妻招聘については八六年の訪ソと一緒に後述する。その後にカリフォルニアに飛び、一ヶ月あまり、ITPに滞在した。八一年に続き、援助付きのオファーなので行ったのだが、ワークショップの若い参加者との年齢ギャップを感じた。空洞通過時の像の変化を計算したがうまく纏まらなかった。滞在中、定年後の生活に人気のサンタバーバラで暮らす相対論のメルビン（M. A. Melvin）の自宅に招かれた。所長のコーン（Walter Kohn）から声をかけられ、彼のオフィスで基研の運営や日本の理論物理学界の話題で長時間懇談した。彼がノーベル賞を受賞する前である。

学振の特定国派遣で八四年八月三〇日―一〇月一〇日、ケンブリッジ大、カーディフ大、サセックス大、ニューカッスル大、ダーラム大、オックスフォード大などの英国各地を訪れた。ロンドンでは京大での学位取得の手助けをしたソレンセンと和子夫妻[*19]と再会した。ケンブリッジに着いた頃から腹痛がして、ロンドンで食べたものの食中毒だったらしく、医者や保健所まで来て大わらわだった。長旅の最初での事故で大変だったが、なんとか予定はこなした。

二週間いたケンブリッジではリースに病気で迷惑かけたが、彼らの日常の職場生活を見る貴重な機会だった。また帰国していたカーと一緒にホーキングを訪ね、翌年の京都に来ることを決めた。ウェールズでは相対論のワークショップに参加したが、二間瀬敏史がカーディフ大学にＰＤでおり、彼のアパートで体調回復を図った。サセックスでは林還暦シンポに来たテイラーやメステルが歓待してくれた。ニューカッスルではデイヴィス[*20]が世話してくれた。最後はオックスフォー

＊17　佐藤「ペスカーラ」『CORRENTE』（イタリア京都会館友の会報）、一九九一年二月。
＊18　*Nature*, Vol. 305, No. 5933, Sept. 29, 1983.
＊19　確率微分方程式の伊藤清の娘。基研所長の時期、伊藤は数理解析研究所の所長で懇意になった。
＊20　ポール・デイヴィス（Paul Davies）（一九四六―）は物理学の文化的、哲学的意味を語る数多くの一般書の著者で知られる。その後はオーストラリア、米国に移った。

ド大のペンローズのセミナーで喋ったが、その後に彼とグループメンバーとの昼食をとる習慣のようだった。彼は数学の研究所だが、天文には前田恵一がこの時ＰＤでいた。[*21]

一九八五年の頃

この五月ホーキングがカー、看護婦、介護助手を伴ってやって来た。[*22] 基研ＫＳＩ８「量子重力と宇宙論」の講師の一人で、他の講師は稲見武夫が決めた。まだＭ２の大栗博司が写真に写っている。この後に、ローマでのＭＧ４に出かけた。この時のハイライトは、バチカン訪問で、大会役員は法王と握手もできたが、その瞬間の写真を撮って売る商売があるのには驚いた。

夏の後半に京都で大きな素粒子物理の国際会議「レプトン・フォトン」があり、その直前に「中間子論五〇周年記念国際会議」があった。[*23] 私の役目は一セッションの司会ぐらいだったが、新星リンデ（Andrei D. Linde）のインフレーション説を聴いた。エクスカーションの比叡山からの帰路のバスの中で、ファインマンの大きな背中の後ろで、ＫＥＫに移った小林誠に理論部に宇宙のポストをつけろと説いていたのを思い出す。

終わってすぐに、韓国物理学会年会での講演を依頼されて訪韓した。[*24] 素粒子論のバーディンと一緒だった。[*25] 清州市の忠北大学での年会の後、台湾物理学会長夫妻と慶州観光をした。国連加入（九二年）前は台湾と交流が密だったようだ。その後ソウルに滞在しいくつかの大学や

ＫＩＳＴを訪れ講演・交流をした。学会役員や学部長クラスのシニアは日本で教育を受けた人だが、新人教授の大半は米国PhD組であり、使う言語に気を遣った。

中間子記念の行事は一一月にもあり、論文執筆当時、湯川が住んでいた西宮市苦楽園で記念碑の除幕式があった。神戸大の谷川安孝が発案し旧湯川研ＯＢが献金した。この縁で西宮市の財政援助で翌年から西宮湯川記念事業が始まり、財政難で国際シンポジウムはその後なくなったが、いまも若手に対する西宮湯川賞は続いている。関西の理論物理の教授が運営委員をしてきたが、京大定年の際にこの「事業」の代表のかたちで、西宮市教育功労者の表彰を受けた。

＊21　ペンローズ（Roger Penrose）（一九三一―）は英国の相対論学者でホーキングの先輩。一九八六年と一九九八年に私の招待で来日している。『InterCommunication』二五（一九九八年）誌の私との対談が「対談ペンローズ」で検索すればネットで読める。佐藤「ペンローズの大きなサイン」『窮理』（窮理社）第一二号も参照。
＊22　佐藤文隆「宇宙・ホーキング・法王」『世界週報』（時事通信）一九八五年八月六日、「ホーキング博士追悼文」『ニュートン』二〇一七年六月号、「京都のホーキング」、『京都新聞』「天眼」二〇一八年四月一日、など。
＊23　『科学朝日』中間子五〇周年記念号、一九八五年四月号。
＊24　佐藤「韓国物理学事情」『世界週報』一九八五年一二月三日。
＊25　William Bardeen は素粒子の研究者。二つもノーベル賞を得たJohn Bardeen の次男であり、長男のJames も一般相対論の研究者である。父夫妻が入洛した際に会食に招かれたことがあったが、母に息子二人に会ったことがあると告げて喜んでもらった。

一九八五年秋に基研から理学部に移籍した。林忠四郎が一九八四年に退官した後のポストである。基研在任中も研究上は一緒にやっていたが、大きな研究室への代替わりなので、その後は、人事には気を遣った。

実は所長退任後間もなく、山口嘉夫から東大物理への勧誘があった。教室の意向であるとして本郷通りの喫茶店で主任の桑原五郎と三人でも会った。話自体は魅力的だが家庭的には京都を離れ難くなっており、また林の定年後のポストと天秤にかけるのも自然で、結局お断りし、佐藤勝彦を山口に推薦した。林の築いた大研究室を受け継ぐという気負いもあった。

人事に気を遣う立場になったが、これには研究テーマの長期見通しが絡む。宇宙物理も「天文」、「相対論」、「素粒子」の三つにばらけてきたので、一人で全部をカバーするのは難しいから慎重になった。ポスト「標準理論」の去就と観測・実験の進展をどう見通すかが鍵である。基研の後任人事は大分先の物理教室の私の後任にも影響する。大研究室では「三つ」のバランスを心がけたが、手堅いのは重力波などの「相対論」だろうと想定していた。また林が築いた計算科学の資産を大事にし、院生が〝つぶしのきく〟人材に育つよう心がけた。祝祭的な宇宙物理学がそう長続きするとは思わなかった。

チャンドラ招聘[*26]

チャンドラセカール（以下通称のチャンドラを使う）は数理的に難しい物理的問題で指導力を発揮してきた。七〇年代末からブラックホールの一般相対論に集中していたが、その直前の課題は流体力学の摂動理論であった。彼にとっては流体力学も一般相対論も一緒なのである。我々の数学がかったＴＳ解が話題になり、彼の学生もＴＳ解に取り組んだりしていたので、学会で顔をあわせた際に、気軽に話ができるようになった。

「理論物理学の名教師」として尊敬を集めるこの大科学者を日本に招聘する話は前から出ていたようだ。七四年に小柴がシカゴに行った際に南部から示唆され、はじめ早川が接触した。七五年夏にイタリアで私がチャンドラに会った折に来日の意向が伝えられ、林の名で学振に応募して準備が整ったが、入院を伴う体調不良で中止になった。

その後、八一年に私がシュラムを訪ねてシカゴ大に行き、チャンドラにも会った際に来日の話が復活し、私が世話をすることになった。桜の時期を希望したので一九八三年三月中旬から約一ヶ月間の夫婦での訪日が決まった。ビザ取得を忘れたらしく三日遅れて伊丹空港に着いた。京

＊26　佐藤「チャンドラセカール先生の来日」『自然』（中央公論社）一九八三年六月号、「一九八三年ノーベル物理学賞」『科学』（岩波書店）一九八三年一二月号。

都に二週間ほど滞在し、そのあと名古屋、東京に移動して、東京から帰国した。東京では物理学会年会の総合講演を行い、久保亮五が講師紹介をした。久保は確率過程でチャンドラから学んだと話していた。ともかくチャンドラは様々な大部な教科書・専門書を一〇冊近くも執筆している。また、長年、*ApJ* 誌の編集者として、米国の天文学のレベル向上に尽力したと評価されている。

ベジタリアンの高齢夫婦が二週間いるので、宿泊先に頭を悩ませ、妻にも手伝ってもらった。桜も咲いて、希望通り花の京都と奈良を訪れた。奈良でお昼に入ったうどん屋で、菜食家なので「このスープはなにか?」と質問され、私がもたもたしていると彼も苛立って「君が定義すればいいのだ!」と。彼と物理の議論をする時も「イエス、イエス」と相槌を打つと、「同意もしてないのにイエスと言うな!」と一喝された。厳しい先生の側面を見た思いがした。その秋に彼のノーベル賞受賞の報に接し、祝電を打ったら丁寧な手紙を頂いた。チャンドラセカール質量での宇宙物理への貢献を含め、ダイソンが「演繹物理学」と呼ぶ広範な物理の問題に寄与した功績が大である。[*27]

シカゴ大の研究室を訪れたことがあったが、机上は余計な紙一つなく整然としていた。ニュートンの『プリンキピア』を論評する本を執筆中で、膨大な文献資料を要したと思うが、スッキリしていた。原稿は手で書きタイピストに指示する古典的な風景だった。八〇年に訪れたディラックの部屋の机上もスッキリだった。

後年九三年の晩秋に妻とシカゴを訪れた時は雪の中で、お互いに再会をかみしめた。彼の伝記本を大学の書店で買って、サインを頂いた。[28] 八三歳の高齢だが自分で運転して日本食レストランに連れて行ってくれた。その後に小ぢんまりしたアパートに招いていただいた。部屋には京都で買った土産が飾ってあり、ジーンと心にきた。自分にとっては神様のような存在であったチャンドラと心が通った至福感があった。居間に英語の『源氏物語』が置いてあるので「どうでした?」と聞くと「あまり面白くない」と苦笑いしていたが、日本への興味が続いていたようだ。この時は教授のワルド[29]がチャンドラとの仲介をきめ細かくやってくれた。チャンドラはそれから二年後の九五年に心不全で亡くなられた。

広がる世界と人々

この文章を書いていて何故これほど海外との交流で多忙にしていたのかと訝しく思う。この時期、京都大学生協の理事長を一時やっていたし、各地の大学での集中講義も多く、国内もよく旅行しており、基研には世話している老若の外国人がいつも一、二名いた。NHK‐ETVで川津

＊27　ダイソン「二〇世紀科学におけるチャンドラセカールの役割」『パリティ』(丸善)二〇一一年一二月号。
＊28　K. C. Wali, *Chandra*, The University of Chicago Press.
＊29　ロバート・ワルド(Robert Wald)(一九四七—)は相対論学者で彼の著書 *General Relativity*, The University of Chicago Press, は広く普及している。

祐介と葛西（聖司）アナとのトリオでの四回番組（八四年二月）など、よくテレビにも出ていた。また体調を崩し、精密検査で頻繁に病院に行き、特定疾患の指定まで受ける羽目になった。物理教室に移れば内部の仕事に縛られるから、基研にいる間に羽根を伸ばすという気持ちもあって、飛び込むオファーに定見なく付き合っていた。

パスポートのような記録がないので国内の動きは再現が難しいが、無数の人たちと接触があり、また哀惜もなく流れていった気がする。大学院進学時の学者志願で描いた世界をもう遥かに超えており、そこで自分を律する何かがあったかと問われれば心細い限りである。海外熱は、単純に、航空運賃の値下げやテレックス（後にはEメール）などの一般的なグローバル化を支える環境の変化が研究の世界にも及んだだけともいえるが、研究という営みは、宗教のように、世界をつなぐものだという認識の再確認は現時点では重要なのではないかと思う。ここから、民主主義という政治的、社会的な局面において、これからの研究や学問がもつ機能・役割などについて示唆があるように思うが、今後の課題だろう。

第 8 章

超新星 1987A の衝撃

――「宇宙線は天啓である」

「プリンキピア」三〇〇年

一九八七年は宇宙物理の研究、とりわけ日本にとって特別の年だった。経験していない世代の研究者は「かわいそう！」と思うくらいである。なんの前触れもなく、突然、天から降ってくる二度とない奇跡のようなものだった。

大マゼラン星雲に超新星（SN1987A）が現れた年はニュートンの『プリンキピア』刊行三〇〇周年の年であった。基研に滞在中だったイスラエルからホーキングと一緒に「重力三〇〇年」の本[*1]を編集していると聞いてこの記念年を認識し、アインシュタインからニュートンに遡及してみる良い機会だと思っていた。一月にはＮＨＫ－ＥＴＶで仏教学者・中村元との対談番組「ブッダの知恵、ニュートンの科学」[*2]に出演し、また構想を練っていた宇宙論の岩波新書[*3]を年内に出版すべく年初から原稿用紙に向き合った。まだ完全に手書きの時代だった。

マゼラン星雲で超新星爆発

一九八七年二月二四日に約三〇〇年ぶりの近傍での超新星爆発だという解説付きの小さな新聞記事を二六日頃に目にしたが、すぐには重大性に気づかなかった。この時節、大学では入試や修論などの学事が目白押しで、教授は締め切りのある書類作成で忙しく風邪も引けないような繁忙期である。重ねてこの年は京大の物理入試問題の責任者で、入試採点のカン詰めで教室にも行っておらず、ようやく終了して疲れて部屋に戻った時に、東大に移っていた佐藤勝彦から「神岡でニュートリノが受かったらしい」と電話がはいった。「カン詰め」でしばらく顔を合わせなかった京大の連中の間でも色々な情報が飛び交っており、ようやく世界での興奮の広がりを認識した。

＊1　S. Hawking and W. Israel ed., *Three Hundreds Years of Gravitation*, Cambridge UP, 1987.
＊2　『中村元対談集3　社会と学問を語る』(東京図書、一九九二年)に掲載。最近、誰かの手によりこの対談ビデオがYouTubeにアップされている。
＊3　佐藤『宇宙論への招待——プリンキピアとビッグバン』岩波新書、一九八八年。

「カミオカンデ」と「ぎんが」

カミオカンデでのニュートリノ検出は三月六日に論文投稿、九日記者会見で「バーストの時刻」を公表、ＩＭＢが追認、先取権を獲得した。この三月末に東大を退官する小柴昌俊はここで最高の指導性を発揮した。

「爆発」直前の二月五日に打ち上げられた日本のX線天文衛星「ぎんが」は小田稔の指揮で当初の計画を変更してSN1987A観測に備えた。大量に作られた放射性元素からの核ガンマ線が、初期には残骸物で遮蔽されX線となり、残骸が薄まるとガンマ線が見えてくる、日や月単位で変わるダイナミック現象である。「ぎんが」は徐々に増加するX線を夏頃から確実に捉えた。[*4] この時期、海外のX線天文衛星は他にあがっておらず、核実験監視衛星がガンマ線を捉えたのは数ヶ月後のことだった。

超新星セッションに割り込み

話を「爆発」直後に戻すと、この三月の一六―一八日、たまたま宇宙物理全般に関した基研の研究会が予定されていた。そしてこの会が突発した「爆発」後に多くの関係者が集まる注目の機会となった。神岡の発見は小柴みずから京都に来て話された。このデータの佐藤（勝）－鈴木英之、福来正孝－荒船次郎らによる理論的分析や二月五日に打ち上げたX線衛星「ぎんが」がもたらす現象の予測などで盛り上がった。いずれの観測も日本の独壇場である。「爆発」前に決まっていたプログラムでは私は「宇宙ひも」の総合報告をすることになっていた。[*5] しかし、「爆発」でのこの盛り上がりにいささかジェラシーを感じて、世話人の中村卓史に直前になって「おれにも超新星のセッションで喋らせよ」と圧力をかけた。

さて何を話すか？　ニュートリノ、X線、重力波などの検討は既にやられており、残るは中性子星の高エネルギー活動性である。一九七四年と一九七七年の自分の論文を取り出して急に話を作った。もし爆発で宇宙線源ができたとすれば、それを取り囲む残骸物質の変動で、ある限られた期間だけ高エネルギーのガンマ線が観測されるはずだというシナリオである。

＊4　例えば『科学』一九八八年四月号はSA1987A特集で、巻頭言…早川、超新星爆発…佐藤（勝）、元素合成…野本憲一、高エネ現象…佐藤、X線ぎんが観測…槙野文明、JANZOS観測…政池・坂田通徳、海外情報…野本陽代。一九八七年六月号に戸塚洋二のカミオカンデ報告がある。

＊5　佐藤「宇宙ひも」『日本物理学会誌』一九八七年九月号。

超新星セッションに割り込んだこの話を聞いた村木綏が「それは観測できる」といった。休憩に入っても森正樹らと熱心に話しかけてきた。正直いって、私の出来心は注目のセッションで新たな観測のポイントを指摘したことでもう満足していた。そういう気分も手伝って彼らに「こんな時にはしゃがないやつはだめだよ」と言ったようだ。当時の高揚した雰囲気では些か不穏当な発言だったが、村木は直ちに同じ建物にいる高エネルギー実験の教授・政池明の部屋に行き彼を説得し、二人揃って私の部屋にやってきて観測計画が始動した。二人は政池の名大時代に一緒だった。

「シニアの私がいったことに国内で批判が出にくいのは分かるので、何の批判的検討無しに事態が進行することに些かひやひやしていた。ところが Phys Rev Letter にでた最初の SN1987A に関する論文がなんと私の指摘していた話であった。Gaissar 達のあの論文は私に安堵感をあたえた。どんな観測結果になろうと、自明でない問題に観測で挑戦するという構想は、ローカルなマッドネスでないことを知ったからである[*6]」。

ニュートリノと違ってガンマ線観測にはマゼラン星雲の見える南半球に行く必要があり、さらに半年後くらいから二、三年の間だけガンマ線が出るかもしれないということなので、急ぐ必要があった。また、南半球は冬に向かいつつあり、高地の野外に装置を設置するには積雪の心配もあった。村木が豪州とニュージーランド（ＮＺ）のあちこちの研究者に連絡し、オークランド大のヨック（P. Yock）が動き出した。現地の協力者、緯度の高さ、道路・電気のインフラなどを考慮して、設置場所はＮＺ南島、標高一六四〇ｍのBlack Birch高地に決めた。政池はＫＥＫ（当時は高エネ研）からの協力も取り付け、宇宙線研には私が働きかけた。積雪前の装置設置を目指し、関係機関への要請、資金集め、船積み、陸揚げ、山上への搬入、装置組み立て、調整……、あたかも引越しのような慌ただしさであった。

責任者にされた私には観測や海外観測の経験は皆無だったが、四月初めにあったトリスタン完成式典に来ていた担当局長に対応策を要請した。海外で突発した火山や津波の緊急調査に対応する文部省の研究費を頂いて運営費はそれで賄い、装置は宇宙線研やＫＥＫにあるものを持ち出す

＊6　佐藤「JAZOSのきっかけ」『ＩＣＲＲニュース（東大宇宙線研究所）』一九八九年一二月一八日。

かたちだった。この世紀の天文ショーの観測に関わりたいという人は多く、いろんな得意技の人が協力するオールジャパンの雰囲気になった。一〇月観測開始となったが、この間にもこういう観測の必要性を説く理論論文が *Nature* 誌にいくつか出て、我々も意を強くした。

この年は教室主任であり、また稲盛財団の地球・宇宙部門の選考に関わるなど結構忙しかったが、同じ教室の先輩である長谷川博一の支援も得て、政池と頻繁に相談して大小様々な決断をしていく躍動感は忘れがたい経験だった。年末に母が亡くなり田舎での葬式を終えて家に着いたのが『紅白歌合戦』のフィナーレだったことを憶えている。

JANZOS 隊長

ガンマ線は磁場と作用しないから超新星の方向から飛来して大気で電磁シャワーを発達させる。このシャワーを、一つは放射線として地上に多数展開したシンチレーション検出器網で捉える。それともう一つは、当時まだ日本で木舟正たちがやり始めたホヤホヤのものだが、空気中の光速より速いシャワー電子が発するチェレンコフ光を地上の望遠鏡の反射鏡で集光して光電子倍増管で電気シグナルに変えるチェレンコフ望遠鏡CTによる観測だ。これは星の観測と一緒で、晴れた暗い夜空が要る。木舟の熱意でチェレンコフ望遠鏡もJANZOSで実行した。[*7]

JANZOS（Japan, Australia and New Zealand Observation of Supernova）と名付けたこの観測は一一（海外四）

機関、四一名の組織でいろんな仕事を分担し、足掛け五年ほど続けた。有力誌 Phys. Rev. Letters の二篇を含め、学術誌・会議録論文二九篇のほかＮＺの博士論文一篇、修論五篇の成果があった。結果は概ね上限値の確定に終わったが、注目の課題に答える結果を出すことができた。[*8]

ＮＺあれこれ

道路・電力がある山頂にはテレコム、カーター天文台、米空軍天文台があり、我々はカーター天文台の宿泊設備を借用したのだが、米軍天文台の宿舎は豪華で Black Birch ヒルトンと称されていた。冷戦下、ここでミサイル誘導の星図作成をしていた。当時、反核運動が盛んで、抗議集団が押しかけたようだ。JANZOS 継続中に冷戦が崩壊しこの天文台はあっという間に姿を消した。

一九八九年春に協力大学の一つであるクライストチャーチのカンタベリー大学を訪れたが、そこがラザフォードの出身大学であることを知った。ＮＺ紙幣の肖像にもなっている名士で、観測地と同じ地域に彼の生誕地があることを知り訪ねたことがあった。[*9] 何しろ突然のことだから現地

＊7　木舟正「可視光でみるガンマ線？　堂平山からオーストラリアへ」『天文月報』一九九八年一〇月、四八四頁。
＊8　佐藤文隆・政池明「超新星 1987A からの超高エネルギーγ線」『学術月報（日本学術振興会）』、一九九一年四月一五日。
＊9　佐藤「ラザフォードの生地」『日本物理学会誌』一九八九年八月号。

の施設の利用には相手に信用して貰う必要がある。この数学教室に私の相対論の研究で関係あるカー[*10]がおり信用度向上に寄与した。ウェリントンではカーター天文台や大学の人々と交流、アマチュアの天文クラブで講演、クラブ会員の銀行員の家に宿泊して息子と天文談義をした。輸送・建設労務を特別なルートで依頼する必要があったが、そこで公的セクションが民営化のNZ版サッチャー旋風で揺れている国内事情も垣間見た。

米物理学会「日本の物理」特集[*11]

超新星だけでなく、一九八七年の物理学は高温超伝導、レーガン大統領のSSC着工、超弦理論と標準理論の結合など、「スーパー」ばやりの高揚したフェスティバルのような年であった。SN1987Aの観測はニュートリノもX線も全部日本から発信され、世界の学界の耳目をあつめた。早速、米国物理学会系のPhysics Today誌が「日本の物理」特集を組んだが、取り上げ方に特色がある。八〇年代初めから日本のハイテク製品が世界を席巻し、米国は「基礎研究ただのり論」を展開した貿易摩擦が起こっていた。この特集は超新星での成果とこの「日本の成功」とを絡めているのである。この頃話題の高温超伝導での日本勢の活躍、「通産省型プロジェクト」の進展、それに日本のハイテク企業風土の解説を合わせた特集である。

陽子崩壊なしの「一九八四年の虚脱感」の反動もあってか、超新星ニュートリノでのカミオカンデの快挙は大感動だった。私は発見当初から「電波天文学の始まり以来」とか「明治以来」などと公言しており、秋の締め切りの朝日賞（朝日新聞社）に推薦した。後で分かったが推薦したのは私だけだったらしく、翌一月のカミオカンデ・グループへの朝日賞の贈呈式に推薦者として招かれ帝国ホテルに初めて泊めてもらった。理工系では小田稔が選考委員であったが、彼の逝去後に私にその役が回ってきたのはこれが遠因であったかも知れない。

JANZOSからCANGAROO、さらにCTAへ

JANZOSは過渡的現象の観測だから期限を切ったプロジェクトだった。せっかくの設置装置だから、他の天体の観測もあり得たが、慌てて持ち込んだ装置だから、できることは限られていた。そしてこの経験は二つの新しいプロジェクトに繋がった。一つは、木舟正が主導したＩＣＲＲと豪州アデレード大学の共同での大型チェレンコフ光望遠鏡による南天の観測に順調に繋がった。後にCANGAROOと呼ばれたプロジェクトであり、さらに近年はＥＵの天文施設が集まるカナ

＊10　ロイ・カー（Roy Kerr）（一九三四―）はＮＺ出身の物理学者で、米国テキサス大で研究していた際にＢＨのカー解を発見、ＮＺに帰る。ＴＳ解はカー解を数学的に拡張したもので、カー解を複数個重ね合わせたものといえる。

＊11　*Physics Today*, December, 1987. 佐藤「超新星爆発とＳＳＣ中止の間」『歴史のなかの科学』（青土社、二〇一七年）、第八章。

リア諸島ラパルマ島での国際共同のCTAを主導する手嶋正廣らのグループに発展している。[*12]

もう一つはICRRから名大に移った村木が立ち上げた重力レンズ探索MOAである。南天の星空を見上げれば一目瞭然だが、マゼラン星雲の特徴は星の密度の高いことだ。それを活かした観測だ。

JANZOSからMOAへ

村木に誘われてこの立ち上げ時に参加した。Mt John天文台はクライストチャーチから大観光地Mtクックに向かう途中の景勝地テカポ湖に近く、戦後米国のペンシルバニア大が南天の星図作成用に建設し、終了後にカンタベリー大に移管したものだ。確かに視界が大きく理想的な場所だが、移管後は手当がなく旧式化していた、その一角に日本から大型CCDを持ち込んで観測を始めた。デジタル写真への転換期で、天文台にはまだ化学薬品の匂いがしていた。この観測の実績を踏まえて、村木は日本で得た研究費でこの天文台の敷地に1・8m望遠鏡を建設した。[*13]工事や運営費には山岳遊覧飛行の観光業者の協力も得たようだ。

二〇〇四年一二月、名大望遠鏡の竣工式に名大学長らと一緒に出席した。都合四度目のNZであった。集まりには日本大使も出席され、また分野に関係なく多くのNZの大学関係者らが出席していた。その後、村木は甲南大学に短期間勤めたのでそこで一緒だったが、その頃の二〇〇八年に彼はＮＺ政府からメリット勲章を贈られた。あの「爆発」直後の高揚感が言わせた「こんな時にはしゃがないやつはだめだよ」がＮＺに新たな光景を作ったことに、柄にもなく、感動をおぼえた。

宇宙線研究所の難題

一九六〇年代の「宇宙観測の時代」に宇宙物理に参入した研究者として、技術進歩による大発見を原子核素粒子物理学で読み解く痛快さを味わってきた。だから、観測や実験の進展には関心を払っていた。ブラックホール登場以後は一般相対論の数学的研究に深入りしたがこの嗜好は原点にあり、JANZOSはその原点回帰のような面もあった。

もう一つは宇宙線研究所ＩＣＲＲの再生との絡みである。現在、ＩＣＲＲはノーベル賞の梶田隆章を所長にニュートリノ、重力波、ＣＴＡなど世界をリードする優良印の組織である。ところが実は「爆発」直前の一九八六年の頃、ＩＣＲＲは行革リストラの対象にリストアップされていた。また小柴のカミオカンデは東大理のもので、大発見もＩＣＲＲと関係なかった。だが小柴退官でこの施設の「移管」先が問題になっていた。「大発見後」のカミオカンデは宝物だが、その

＊12　例えば https://www.hitachi-systems.com/special/cta/index には日立システムズとのハイテクでの連携が書かれている。

＊13　名大宇宙地球環境研究所宇宙線研究所「ＭＯＡ実験の紹介」ＨＰ。

前はお荷物になるかも知れない施設であった。私はこの「リストラ」、「移管」などの難題を審議する委員になり、ICRRの内部に関わることになった。

宇宙線ルネサンス

後からみれば、「爆発」で「お荷物」が「宝物」に化け、「リストラ」を跳ね飛ばし「優良印」のICRRに転換・成長したメデタイ物語だが、内部的には様々な軋轢があった。穴蔵のように狭いカミオカンデの制御室にはじめて行った時、東大総長になった有馬朗人の「宇宙線は天啓である」という表札のような書が貼ってあった。まさに「大発見」だけでなく様々な「難題」を吹き飛ばした天啓であった。学問的にも研究所歴でも老舗の旧ICRR[14]には歴史の惰性で孤立化や固定化が見られたが、加速器科学で発展した測定技術との融合を計れば宇宙線ルネサンスの展望が開ける時期でもあった。「爆発」で「メデタイ物語」が生まれる学問的背景はあったのである。JANZOSも旧ICRRのマインドからの転換の一助になったと思っている。この頃運営の委員だけでなく、ICRRの客員教授にもなって宇宙線ルネサンスをあれこれ語った。新しい血として所長に迎えられた荒船を、小柴の後任で委員になった菅原寛孝と一緒に、ひばりヶ丘駅前の和食屋の二階で、激励した遠い記憶が蘇った。荒船の功績は大きかった。

このＩＣＲＲとの繋がりのながれで一九九五年頃から興味を持ったのが宇宙線の最高エネルギーであり、これを我流に「ローレンツ変換の限界」をみる実験と表現した。動機は一九九〇年中頃、ＩＣＲＲ明野観測所（八ヶ岳山麓）のAGASAとユタ大学のFlysEyeが幾つかのＧＺＫカットオフ[*15]を超える宇宙線を観測したという情報である。

日本で空気シャワーＡＳが始まったのが一九七〇年頃で、間もなくこの最高エネルギー以上の粒子が発見されたというニュースが流れた。これを検討する会で私は矛盾の回避策として、天体でない近くのソース、ＣＭＢと反応しない新粒子、相対性原理の破れ、の三つの可能性を指摘した。この「発見」はすぐに不確実さがわかったが、二〇年ほど経た今度は一定の信ぴょう性も

＊14　宇宙線研は共同利用研究所新制度のもと基礎物理学研究所と同時に東大附置でできた。宇宙線は素粒子物理学の揺籃期に活躍したが加速器実験の拡大で、一九六〇年代から宇宙線研究の転換が迫られていた。ＩＣＲＲが現在の柏市に二〇〇〇年に移転する前は田無市にある原子核研究所と同じ建物に同居していた。

＊15　一波長でのＣＭＢの発見直後は、ホイルが定常宇宙論の立場から議論を展開したが、その一つが濃密なＣＭＢ光子媒質のゆえ遠方の見えなくなるというものであった。この中で10^{-3}eVのＣＭＢ光子でも衝突する陽子のエネルギーが10^{-3}eVを越えると重心系のエネルギーが大きくなりパイ中間子形成の反応がおこる。このためこの閾値以上の超高エネルギーの陽子は遠方から達しなくなるという推測が一九六六年にGreisen, Zatepin-Kuzminによりなされ、ＧＺＫカットオフと呼ばれている。

あった。しかしなお不確定というので、確認のための次期計画が始動した。[*16]

ノーベル賞のクローニン（J. Cronin）ものりだしてアルゼンチン高地でのAuger計画がはじまった。こうした中、ASによる線状の大気蛍光を、暗い背景にするため、上から探索するEUSO国際協力計画が立ち上がった。この計画の推進に肩入れした。ISS（国際宇宙ステーション）の日本の「きぼう」の暴露部に搭載しようとしたが、順番待ちでしばらく気球で試行しているようだ。Augerの結果ではAGASAの結果ほど大きく理論からずれはなさそうだが最終確認はより多くのイベントを集める観測が待たれている。

地文台のサイエンスと「相対論の破れ」

観測計画に関係する中で宇宙現象と地球環境をみる新しい視点が芽生えた。例えばたった一個の超高エネルギー素粒子が数十kmに及ぶ大気現象を日々引き起こしている。我々の身辺では始終そういう素粒子による反応が〝風景のサイズ〟で起こっているのだ。いわば我々は素粒子測定箱の中で生活しているともいえる。五感では感知できずとも、スマホを置けば多彩な情報が見えるように、機器をおけば素粒子反応が見えてくるのだ。またイオン化などをつうじて気候変動にも関わっている可能性もある。

素粒子宇宙論のような動機でのダークマターやダークエネルギーという想像物探求が動機で

あっても、ここにある自然を新しい目で見ているのであって、自然観察の枠組みの拡大として捉えることが肝要である。ビッグデータの技術がその可能性を拓くであろう。

ＥＵＳＯのセッティングは大気瞬間発光という地球現象を宇宙空間から見下ろして観測する。すなわち雷や流星などの大気発光現象をハイテクで観測をすれば浮かび上がってくる現象なのである。これは天から地をみるものであり、私は地文台と呼ぼうと提案した。天や宇宙は、人々の観念ではこの世からの脱出を想起させる憧憬の対象であった。サイエンスの方向性も同じである。この矢印の方向を逆転させようというのである。同じ観測でも多様な視点を持とうという提案でもある。「地文台によるサイエンス」「地球を見て宇宙を知る」を掲げて数回研究会を行なって、この視点を広めた。[*17] 自然の視環境に関心がいった。[*18]

膨張宇宙の現実ではＣＭＢ等方系という特別な慣性系があるのにそれを意に介さない相対性原理には違和感がある。「宇宙の中の物理」というコスモスの復活をビッグバンに求めていたからでもある。[*3] 私はこの原理が破れる尻尾を掴める兆候がＧＺＫに見いだせると期待した。「相対論

＊16 『科学』二〇〇一年二月号「特集：最高エネルギー宇宙線をとらえる」。

＊17 例えば、梶野文義・佐藤文隆・村木綏・戎崎俊一編著『地文台によるサイエンス――極限エネルギー宇宙物理から地球科学まで』Universal Academy Press、二〇〇八年。東工大の丸山茂徳が主宰した第六回の会（二〇一一年）には海外の参加者もあった。

＊18 佐藤『光と風景の物理』岩波書店、二〇〇二年。

の破り方」という挑発的な課題を設定して理論的可能性を探った。[19] 還暦国際会議講演、京大の退官講義や湯川・朝永生誕一〇〇年国際会議での講演はみなこのテーマで行なった。

追憶――高橋義幸

戎崎俊一の仲介でスカルシイ（Livio Scarsi）と一緒に高橋義幸に初めて会ったのはNASDAのISSの国際シンポであった。この頃、井口洋夫[20]の誘いでNASDAの宇宙環境利用研究システムに関わっていた。その後、一九九九年の夏に高橋が教授をしているアラバマ大学のあるハンツビルを訪れた。アトランタで米国物理学会創立一〇〇年記念の大きな集会とIUPAPの執行委員会もあり、その前に立ち寄ったのだ。この街はフォン・ブラウンに始まる米国宇宙技術の発祥の地である。高橋の自宅の巨大な地下オーディオ室にも驚いたが、ハンツビルのNASA-MSFCや連携している大学をみて光学優勢なのにも驚いた。EUSOもその発想である。滞在中、日本のNASDAがこの街から出て行く「お別れ会」にたまたま出たが、それまでは宇宙飛行士の訓練地でもあったようで、高橋は毛利衛らをよく知っていた。

二〇〇九年の夏、アラバマに帰る便を待つ高橋から、パリの空港で二時間あまり、阪大を出た後の来歴を聞いたことがあった。「国内育ち」にはない逞しさに圧倒された。この直後の大手術でも意気軒昂であったが急逝した。記憶に残る人だった。[21]

＊19　GZKとローレンツ対称性破れとの関係は佐藤「E＞10^{20}eV宇宙線の存在と相対性原理の適用限界」『宇宙線研究』一九七三年一月号、Sato and Tati, Prog. Theor. Phys. 42 (1972), 1788。「破れ」の震源地は二つある。一つは場の量子論のレベルで、スカラーだけでなくベクトルやテンソルのヒッグス場が有限値を持つ可能性である。こうした外場のもとではローレンツ対称性は完全でなくなる。二つ目は量子重力等の四次元連続体を特殊な二次的構造体とする立場である。H. Sato, "How to violate Lorentz Invariance," Prog. Theor. Phys. Suppl. No. 163 (2006), 163–173.

＊20　化学者の井口洋夫（一九二七―二〇一四）は分子研所長の後にNASDAに関係され、『岩波理化学辞典』の共同編集者であった縁で「誘い」を受けた。

＊21　木舟正「高橋義幸氏を偲んで」『日本物理学会誌』二〇一〇年七月号、五七三頁。

第９章

ポスト・コールドウォー

——ソ連崩壊とSSC中止

冷戦構造の崩壊

三〇年つづいた平成の世も終わりである。思えば、超新星SN1987Aが爆発し、日本の宇宙観測陣が世界の注目を集め、自分もそれに身を投じてバタバタしていた一九八七年から五、六年の間に、世界の政治体制に大変動があった。平成元年（一九八九）六月の天安門事件、ベルリンの壁崩壊、東欧諸国の独立にソ連崩壊とドミノ倒しのように世界地図が塗り替えられていった。それは、二つのイデオロギーが対等に競い合っているような、ある意味で安定的に推移していた世界構造の瓦解であった。そして、それまでの四〇年ほど馴れ親しんだこの「冷戦構造」という政治体制からの転換は大学や学術界にも大きな影響をもたらすこととなっていくのである。

「安定した東西対立」の構図

政治対立も長年続くと紅白試合のように儀式化して一つの秩序を形成してくる。とくにある意味で高尚な論点を巡るイデオロギー対立はそれを支える政治に逆に威信を与え、人類の大きな歴史上の大事業に共同で勤しむ実験に参加しているのであり、たまたま生まれあわせた国で各々の実験のパートを分担しているようなイメージが醸成されていった。安定した「東西対立構図」はモノ知り自慢の少年・少女たちには格好の知識披露のアイテムにもなる。「東西比較」の表を作って人口や国の数を表現するようになると、この枠組みは既定のものになりその数字に関心がいき、枠組み自体の根拠にまでは気が回らなくなる。こうした中で、「安定」の擬制の構図と政治経済の実態・実力の乖離が顕在化して、冷戦崩壊を迎えるに至ったのであろう。

「冷戦崩壊後の IUPAP の役割」

「安定」の擬制は学術界にもあった。冷戦崩壊後の一九九六年、ウプサラであったIUPAP[*1]の総会に日本代表の一員として出席したが、会長演説のタイトルは「冷戦崩壊後の IUPAP の役割」

＊1　IUPAP（国際純粋・応用物理学連合）は第一次世界大戦後の国際連盟創設時にできた国際学術連合（ICSU）の分野別組織である。佐藤「「国民国家」と科学——世界遺産・ニホニウム・単位名」『歴史のなかの科学』青土社、第一二章。今では異様な「純粋（pure）」と当時の時代風潮については佐藤『科学者には世界がこう見える』（青土社）第一二章参照。冷戦期末、総会での投票権にも反映されるIUPAPの分担金は米ソが同じ最大額で、次のランクにフランス、日本、ドイツがあったが、これも「安定した対立」の擬制である。

という異様なものだった。[*2] 研究は多様で自由な形態で行われており、ICSU や IUPAP などの上からできた国際組織の役目は、せいぜい用語調整や低開発地域の環境改善などであるが、東西対立の冷戦期には別格の役目があった。

政治的に「東側」は人的交流を制限しており学術界もその影響下にあった。一方、少なくともこの時期の物理学では、「西側」の研究者に「東側」の研究情報取得への強い要求があった。その中で双方の政府公認の東西に跨がる国際組織を通じての交流は貴重な学術上のツールとなっていたのである。双方が尊重する管理された隘路の認証組織として重要性が増すのである。そのことはまた、各国の研究界の中でもこの国際組織の存在感を高めていたのである。このようにして冷戦下の IUPAP はその隘路の管理者として無視できない存在感があった。ところが冷戦崩壊で政治的「隘路」が消滅すると存在意義の一角が崩れ、新たな役割の模索が必要になったので、それが小見出しのような会長演説のタイトルに結びつくのである。

冷戦崩壊と基礎科学

冷戦下のオリンピック、スポーツ世界大会、ユネスコの文化交流事業など、政治経済とは別の次元の営みで「東西」を結びつけていた組織には先述の学術組織のように独自の存在感があった。スポーツや文化や学術の営みは、経済社会の現実から超越した「東西」の交換物として、独自の存在意義を発揮していたのである。「安定した対立」は〝平和な〟文化戦争の様相を呈していた。そして冷戦崩壊はその擬制の枠組みの崩壊でもあった。スポーツは商業主義に乗り換えたように、学術国際組織も新たな「根拠」を問われる事態となったのである。慣行化しつつあった学術界の紅白対抗試合の中止は、甲子園大会がなくなった高校野球部の目標喪失のようなもので、学術界の国際組織はその存立基盤を新たに設定する必要に迫られたのである。

冷戦崩壊後、科学は新たなステークホルダーを求めねばならなかった。UNESCOとICUS合同のブタペスト宣言はその流れにある。日本でも二〇〇一年には科学技術社会論学会設立の動きがあり呼びかけ人に名を連ね、竹内啓とともに設立総会の記念講演を行った。まだ小林傳司や中島秀人が中心の時代だ。

ポスト・コールドウォー

一九九四年三月、ITP[*3]建物の竣工式に出席するため、他の用事できていたシアトルからサンタ・バーバラに南下した。「物理学の未来」という記念シンポジウムもあった。お祝いの集いなのに全米の物理教室を襲っている予算削減の話で持ちきりで、昼休みもランチボックスを食べな

＊2　佐藤「IUPAP第22回総会報告」『学術の動向』日本学術協力財団、一九九七年五月号。
＊3　第6章＊20参照。この年にUCSBが独立した建物を完成させた。

がらの話し合いであった。日頃の学会では見ない初めての光景に強烈な印象をもった。そしてセレモニーや晩餐会での挨拶や討論会の発言のキーワードが「ポスト・コールドウォー」である。

冷戦崩壊後に米国の政権が民主党に替わり医療改革や情報革命を掲げ、クリントン大統領の「物理からバイオに」の演説も話題になった。「冷戦対立終結で国防費負担が減って基礎科学にも金が流れてくる」とは正反対になっていった。米国では産業と結びつかない純粋物理は歴史的にみると国防と原子力に繋がっていたため、この竣工式に参集していた人たちにとって冷戦終結の影響は大きかったのだ。この激変を象徴する事件がSSC建設の中止である。[*4] 拙著『科学と幸福』[*5]はこの事件を導入にしているが、冷戦崩壊で素粒子物理学という現実離れした学問の社会での受け取り方が激変し、それが議員にも反映した結果なのである。

観測的宇宙論

実は一九九〇—九四年の間に五回も米国の大学を訪れる機会があり、この全米を襲った激変を体感したことが『科学と幸福』を書かせたといえる。訪米は「観測的宇宙論」のあるプロジェクトでの交流を促進するためだったのだが、研究現場の慣行の変化などにつぶさに接した。宇宙研究に話を戻すと、当時、「標準理論」完成をうけた一九七〇年代末からの理論主導の「素粒子的宇宙論」に対置して、天文観測が主導する「観測的宇宙論」が唱えられていた。後者は最近の言葉で言えば「データ科学としての」という意味である。情報化時代を実現したのと同じ半導体テクノロジーと情報科学の進展が天文観測の新時代を開きつつあった。

一九九二年三月にシュラムが主導した米アカデミーの宇宙論の会がアーバインであり参加した。その報告を『科学』[*6]に書き、すぐにケンブリッジに飛んで、そのあとに行ったローマに校正刷りがファックスで届いていた。実はケンブリッジ滞在中にCOBEの大発見[*7]が公表され、宇宙論のシーンは急転回し、慌てて校正刷りに手を入れた。「公表」一ヶ月前頃にあった先のアーバインの会議ではこの予兆は感じられなかった。

＊4　ＳＳＣ（超伝導超コライダー）はフェルミ研究所に次ぐ素粒子加速器で、レーガン大統領任期末の一九八八年二月に決め、敷地はブッシュ副大統領のテキサス州に決定した。ところが民主党に政権が変わった一九九三年一〇月末の議会で建設中止になり、既に使った二〇億ドルを捨て、二〇〇〇人を解雇し、復活しないように加速管用トンネルも大枚はたいて埋め戻した。物理目標のヒッグス粒子は二〇一二年に欧州連合CERNの加速器ＬＨＣで発見された。

＊5　佐藤『科学と幸福』一九九五年（のち岩波現代文庫、二〇〇〇年）。

＊6　佐藤「急転回する宇宙論」『科学』（岩波書店）一九九二年七月号。

＊7　COBEはビッグバンの残光である宇宙背景放射ＣＭＢを人工衛星から観測し、推進したスムートとマーサは二〇〇六年のノーベル賞に輝いた。一九七四年に構想され一九八九年に打ち上げられた。それまでＣＭＢの観測は地上、気球、ロケットに限られていたが大気の影響がない宇宙空間から観測し、温度と揺らぎの大きさを測り、ビッグバン説を確定した。その後継機がWMAP, PLANCKである。

一九七〇年代中頃以降、ポーランド、ブルガリア、クロアチア、ハンガリー、ソ連といった安定期の東欧を見ていた経験からか「崩壊」は意外な進展だった。我々の研究領域は「陽の当たる側」にあったのだ。ポーランドの連帯のニュースを聞いた時も「コペルニクスの旅」でグダニスクを訪れた記憶を蘇らせ身近に感じていた。

我々の世代の物理学の学徒にソ連に親近感を抱かせたのはランダウ＝リフシッツの『理論物理学教程』である。[*8] ランダウの天才的着想を教育的に体系化して提示する才能はリフシッツのものだったという。彼と初めて会ったのは一九七五年で、理論なら〝何でも屋〟の彼が当時は一般相対論に集中していた。ソ連の学者の西側への渡航制限はすこし緩んだが、家族随行は厳しかった。一九八〇年代はじめ、ロンドンでの心臓のバイパス手術に家族同行が認められたと聞き、イタリアでの学会の折に、日本への招待を申し出た。リフシッツは「妻と一緒に」を強く希望され、首尾よく二人で来日できた。

リフシッツ夫妻の招聘

一九八五年春の来日はまだ彼らの教科書で学んだ学徒が多い時期だったから多方面から歓迎され、彼も精力的に講義した。「海に行きたい」と言われたので伊勢志摩に我々夫婦と一緒に旅行した。天気もよくモーターボートで島巡りをした時、リフシッツは「極東軍の慰問講演旅行の際に、船上から北海道を見たが、日本の土地が踏めるとは想像もしなかった」と感激して涙ぐまれた。全く論理的ではないのだが、私も親孝行したような気分でジーンときた。私はソ連時代に三回訪ソしたが、最後にいった時には彼は亡くなっていて、自宅に奥さんを見舞った。

京大理学部学部長

この一九九〇年代前半は個人的にも転換期であった。一九八八年が満五〇歳であるから、職場でもその役目が変わっていく年頃である。私は概ねそうした慣行に身を任せて京大定年までの十数年を過ごした。

一九八五年に基研から理学部に移ったが、ほとんど学部の会議などには出ていなかった。研究に没頭していたというのでもなく、共同利用研に長くいたので、関わる雑事は、宇宙線研の再編のような、学外のものが多く、京大や理学部からは離れていたのである。生協の食堂に帰りに顔を合わせた恒藤敏彦から理学部の評議員に選ばれたよと聞いた。これで唐突に日高敏隆学部長の執行部に入ることになり、学部長は間もなくして有機化学の丸山和博に代わったが評議員に選ばれた地質の鎮西清隆、さらには私が学部長を務めた頃は化学の廣田襄、数学の丸山正樹、地球の

＊8　佐藤「ソ連物理学の光芒――ランダウ、リフシッツ」『歴史のなかの科学』青土社、第11章。

尾池和夫などがおり、課題も人間も入れ替わった別世界に引きずり込まれた。

最近、大学は研究成果の製造所のようにみなされているが、確かに三〇年前の京大理学部は大学院生の割合が高く、学部学生の存在感は薄かった。大半の教員の関心は研究にあり、それは個別研究室や学会マターであり、学部執行部の固有の仕事はそれを差し引いた学部学生の学事やその他の雑事だった。決してサイエンスの未来を構想するような組織体ではなかった。そのために逆に執行部構成の人間の個性に支配さられる側面もあった。

大学院重点化

九〇年代初期、大学院重点化[*9]への改組が国立大の定番の仕事であった。前部長の時期から始まり、どうせ「設置順」でやるのだろうと高を括っていたが、膨大な資料準備にはまいった。夏休みに入って教員がいないと出来ないような自己評価書を出せと言われたが、それなしで東大はやったのだからと言って提出しなかった。井村総長が困った様で何か出せというので賞やサイテーションや新聞記事を急遽集めて提出して済ませた。あとで一緒に通過した東北大理学部から出さず済んだのかと驚かれた。

形式的変更と言ってもオーバーホールすると微細な調整を要する課題はあるもので、一つは共同利用研の教員の待遇のことで、犬山の霊長類研究所まで出向いたことがあった。終盤の文部省でのヒアリングの際、卒業者進路で不明者の数が多いことを指摘されたが、長年それでやって来て特徴ある学部になっていると啖呵を切ってのりきった。少し駄々をこねて済んだのは当時まだ大学に威信があったからもあるが、私のアイデアで理学部の学科を廃止して理学科一本とする改革案が形式上はポイントを稼いだようだ。

大学院重点化と院生の減少の皮肉

現在、日本の科学研究界は、ノーベル賞の連続受賞に沸く一方で、論文でみた研究力の国際比較が二〇〇〇年をピークに減少しており、特に少子化の影響もあり大学の疲弊が叫ばれている。聞くと大学院生の数が激減し、そのことも研究力低下の一因とされている。私は研究界の人材は完全に国際化した方がよいと言ってきたが、[*10] 大学院志願者の激減は社会の変質を暗示していて不

＊9　大学院「重点化」とはそれまでの「学部という組織が大学院教育を兼務する」から「大学院という組織が学部教育を兼務する」に組織替えを行うことである。法科大学院発足の際に出てきた制度改革で、一九九一年の東大法学部を皮切りに二〇〇〇年までに旧帝大を含む一六国立大学で実施された。院生の定員管理がこれで厳しくなり博士取得者数が増加したとされるが、この説では志願者数が多かった社会的要因には言及されていない。

＊10　佐藤「理科をやろう」『朝日新聞』「耕論」（談話）二〇一〇年一一月一八日、佐藤「「科学の凋落」は本当か？」『imidas 時事オピニオン』二〇一八年五月二五日、デジタル版。

気味である。これはかつて急増した博士号取得者の就職難問題の反動としてその親たちの深い怨嗟が社会に拡散したことに起因する。[*11]

この渦中に私はもういないが、よく大学院重点化が槍玉に挙げられるが、安定ポストの減少は「独法化」[*12]後の予算の問題である。お役目とはいえ「重点化」の細部の調整で苦労した者としては、この「元凶」説には与しない。一緒くたにしないで、大学ごとに分けてみる必要がある。「一般性のある感想を一つ言えば、「弟子がいないのは寂しい」という教員心情の強さである。教育の大事な側面だが、同時に院生が「心情」のはけ口とされてはたまらない。もともとプライベートな概念である「弟子」を制度化する際の課題だろう」[*11]。

基研の敷地問題

学部長時代の難問は基研の敷地問題であった。八〇年代の行革の中で広島大の理論物理学研究所がリストラの対象となった。私は基研の性格を壊す危惧から賛成ではなかったが、西島和夫所長の時に基研に合併となり、一九九〇年に京大宇治キャンパスの空き建物に入居した。新築の予算はついているのに用地を手配出来ずに着工が遅れ、施設部の懸案でもあり、所員も運営の見通しが立たずにいた。

学部長になると直ぐに施設部が頼みにきた。宇治に全部移るか、いまの湯川記念館を潰して五階建てにするか。隣接する農学部と理学部の植物園に越境しなければこうならざるを得ない。当時、「記念館」北側の用地は更地でそこに基研の新館を建てればいいのだが、農学部の了解をどうとるかが問題であった。その頃、井村総長主導で生命科学などの独立研究科構想が出され、それに関連して部局の枠を越えた土地利用の原則が唱えられていた。そこでこれを先取りして北部キャンパスの土地利用の委員会を立ち上げ、この場を使って基研の土地問題打開を模索した。前例のないことなのでやや強引にこの会を運営し、途中から農学部長の久馬一剛は出てこなくなったが、原則論で押して結局実現した。施設部も途中から乗り出して農学部の温室整備などに大きな予算をつけるなどした。確信があったわけではないが、「原則」をつらぬいたことで、従来の部局自治では不可能なものが実現した。

側から見ると、基研の土地問題がなぜ理学部長の仕事なのかと訝るかも知れないが、これは当時の学内の常識だった。ただ直接関わりない理学部長に先送されてきたところに基研にゆかりのある自分が偶然ぶつかった。基研所長の長岡洋介もそれは分かっていて任せてくれた。その頃、湯川の一三回忌の法事が知恩院であり[*13]、そこで「記念館」の光景は守りたいと言ったと新聞にで

＊11　佐藤「アカデミックな職場の変容——大学院生事情の今昔」『歴史のなかの科学』青土社、第七章。
＊12　二〇〇四年度から国立大学は独立行政法人に明治以来の組織改変があり、教職員も国家公務員ではなくなった。
＊13　一九九三年秋に湯川の一三回忌法要が知恩院であり、親戚以外の学者の参会者は、記憶では、伏見康治、谷川安孝、鳴海元、林忠四郎、徳岡善助、荻田直史、山崎和夫、宗像康雄、田中正、寺島由之介、位田正邦、中西襄、荒木不二洋、佐藤であった。粗供養は秀樹編筆の歌集『蝉聲集』であった。

たりした。この個人的な思い入れも、これにとりくんだ理由であった。こうして胸像[*14]も立つレトロな「記念館」の光景が偉人・湯川を想起する場所として残ったのである。当時の久馬と丸山利輔の両農学部長には感謝している。

赤坂御所晩餐

平成の御世も終焉だが、こんなこともあった。林忠四郎が一九九三年の講書始のご進講をされ、返礼の晩餐の招待に杉本大一郎と私を同行した。東京駅で落ち合い、タクシーで赤坂御所に向かう。御所は新築中で仮御所であった。門で降り別の車で事務所風の建物に案内され、侍従から予定を告げられ、楽器などが置いてある長い薄暗い廊下を歩いて住居らしい部分に移動した。ほどなく両陛下がお出ましになり、団欒後にとなりの食堂に移り、五人が円卓についた。天皇の右から林、杉本、佐藤の順で、私は皇后の隣であった。

料理は中華風のコースだった。スープが出る頃、林があらたまって「終戦直後、天皇陛下も科学ということをよく言われたが、あれは小泉先生の考えなのでしょうか?」と問われた。そのとき手が引っかかってスープがひっくり返るハプニングがあり、皇后はすぐクロスを変えるよう給仕の人に指示した。この中断の後に天皇が戦争中はひどかったねという意味のことを言われたのを期に、しばらく戦中戦後が話題になった。林は何度かお会いしているはずだが、世代のせいか、一番緊張していた。

理系学者の日常生活の話題から、皇后が『寺田寅彦』（小山慶太、中公新書）の新聞の書評に触れた。私はこの本を読んだ直後だったので、夏目漱石の話もふくめて少しまとまった話をした。この記憶は皇后に残ったらしく、その数年後の京都でのＩＡＵ総会[*15]の茶会で挨拶する機会があった折りに「林先生と一緒にお招き頂いた……」と自己紹介したら「ああ、夏目漱石の……」と発せられた。ゴチゴチの理系の話より、意外な話題の方が記憶に残るのかなと思ったものである。

終わりの方のお粥になり、私はさっと食べ終わったので、給仕の方から「おかわりしましょうか」と声をかけられ、一瞬迷い「結構です」と遠慮した。すると隣の皇后が「わたしに下さい」と言われたので、つられて「じゃ私も」と頂くことになった。食事後はすぐに退出し、虎屋のどら焼きと恩賜煙草を頂き、東京駅まで車を出して貰い、三人は駅で別れ、私は遅くに帰洛した。

＊14　一九八六年末に湯川記念財団理事長の湯浅祐一の寄付により「記念館」前への湯川胸像の設置があった。一一月頃、基研所長の牧、「財団」事務長の原田と三人で今熊野にある鋳造所の窯からでる胸像を見に行ったが、似ていないのに動揺した。京都芸大教授の制作者から「偉人の胸像は似ていないもの」と説得されて帰った。一二月初旬の除幕式にスミ夫人を迎えに行く役であったが、車中で「像は似ていないものだ」と説得に努めた。

＊15　ＩＡＵ（国際天文学連合）は、IUPAP と同様に、ICSU の分野別の国際組織の一つである。三年ごとに総会が開催され、第二三回の京都大会（一九九七年）の組織委員長は杉本であった。

「ミニ博物館」、史料保存

学内運営に関わった時期に化石の専門家で東大から来た鎮西と親しくなった。専門絡みもあって彼は大学博物館の整備に熱意を持っていた。大学院重点化が実現し、新予算項目の学部内の配分方式の決定が一年先送りとなった。一年だけだがこの纏まったお金の有効な使い方がないかと思いを巡らし、鎮西と語らって、学部管理の空き部屋に、各学科の企画を展示した「ミニ博物館」を作った。彼はこの試みを宣伝し次期の学部長として発展させて京大総合博物館を実現させた。

身辺で幾つも歴史絡みの出来事があった。はじめは一九七八年に物理教室の廊下に放置されていた書類棚の中に湯川の阪大時代の史料が出て来たことだ。消防署から廊下の障害物除去を命じられたことによる発見だった。[*16] 湯川本人の了解を得て基研の所蔵となり、所長として牧、小沼、田中らと相談して基研に「湯川史料室」を作った。これは逝去の際に、基研の湯川部屋にあったものを受領して管理する準備にもなった。この史料の調査は今も行われているが、史料はまず取っておいてゆっくり調べればいいのだと悟った。

一九八〇年代から学内の建物整備が進むと様々な史料が出てきた。教養部旧図書館解体の際に多量の古い実験機器が見つかって、その保存・整理を支援することを各方面に働きかけ、立派な記録の出版をすることができた。[17]

阪神淡路地震、京大一〇〇周年、総長選挙

評議員の尾池と「関西での地震」談義をした矢先に阪神淡路地震がおこった。施設に被害はなかったが、予定されていた新棟の竣工式をやるかの判断が迫られた際、尾池の「四九日までは止めたほうがいい」との珍論で中止したことがあった。

学部長を終えた一九九五年秋の週末、「候補リストに残るでいいか」と家に電話が入って「今日は総長選挙の投票日」とはじめて知った。しかし、ここで名が出たことで無関係ではなくなった。ある時、数学の上野健爾が訪ねてきて図書館商議員の交代があるが、総長をねらうなら次期商議員に推薦するといってきたが「その気はない」と彼に告げた。その時は長尾が図書館長になるが、図書館学は彼の専門のうちで、総長退任後は国立国会図書館の館長にも就いている。ここで本書の第1章で述べた京大一〇〇周年の頃につながるが、その後、京大の総長には尾池、山極寿一と理学部からよくでている。

＊16　佐藤「「湯川資料」発見顛末」『京都新聞』「天眼」二〇一八年一月二〇日。
＊17　永平幸雄、河合葉子編著『近代日本と物理実験機器』京都大学学術出版会、二〇〇一年。

第 10 章

「もの書き」人生の交わり

――「活字になる」に魅せられて

退官記念パーティー

「ここで何を私はいいたいのかといえば、佐藤先生は私たち一般市民にとって、司祭あるいは牧師のような存在だ、ということなのです。つまり、私たちにはうかがい知れぬ科学の先端という聖なる領域で大活躍される一方で、ごく普通の人間の住む世界との橋渡しを、絶えず心掛けてくださっているかたなのです」[*1]。

二〇〇一年三月の私の京大退官記念パーティーでの、当時、岩波書店社長だった大塚信一の挨拶の一部である。三年後の国立大学法人化後は「退職」というらしいが、まだ「退官」の時代である。退官パーティーの挨拶などは誰がするかの興味だけで中身は定型なものだが、さすが文系編集者あがりの社長だけあって洒落ている。それから間もなく彼も退社するのだが、それまでの十数年間、結構付き合いがあった。

国民国家の学者と出版界

目の前で思ったことが活字に変わる機器に囲まれていると想像し難いことだが、昔は「活字になる」を目指すのが知的な人生のひとつの目標だった。映像の活字でなく紙に印刷された活字である。活版印刷はそのコストに見合う部数を刷る値打ちの認証であり、「活字になる」を支える出版界は国民国家の重要な装置であった。ところがメディア革命、大学の研究至上主義、グローバル化といった近年の変化、いまでは「活字になる」を目指すことが「昭和精神の残滓」のようになったが、そのエートスで私は充実した人生を送った。本書も前章で京大退官まで来たので、経年的記述を離れて、出版界との付き合いを今回は書いておく。

『科学と幸福』

冒頭に記した大塚とは「企画」の分担執筆などで前から関係はあったようだが、直接に接したのは季刊誌『へるめす』への寄稿の時だ。ロシア革命直後のサンクトペテルブルクの文化界のこ

＊1　大塚信一『理想の出版を求めて　一編集者の回想 1963–2003』、トランスビュー、二〇〇六年。

となのだが、アレクサンドル・フリードマンの母親がバレエのプリマであったことで結びついた。一九八八年、フリードマン生誕一〇〇年の会議に招かれてレニングラードを訪れた直後で、夭折した彼と当時の街の文化などを知った直後だったから、結構長い文章を書いた。[*2]

一九九四年二月、大塚は研究室にまでやってきて、あるシリーズ企画の一冊に『科学と幸福』という本の執筆を依頼してきた。これを私に振ったのは彼のようだった。[*3]若い頃から文章を書く機会を漁ってよく書いていたが、基本的には専門領域の解説やそこから見た学問論や教育論であり、仮題とはいえこのタイトルにはドキッとした。

執筆記録を見ると、一九九二年に「科学の運命」というやはりドキッとするタイトルの文章がある。これは前年秋の京都市社会教育センターの市民講座での講演タイトルである。この「講座」は数学の山口昌哉の企画で、「変えてもいい」と彼が振ってきたものだが、結局これで頭が動き出し、テープおこしの要旨が翌正月の「センター」の広報誌に載り、これをみたある新聞社から原稿依頼があり、三回連載の文章に拡大した。[*4]

大塚の依頼を引き受ける下地はこの辺にあった。そこでとりあげたのはアメリカでの素粒子加速器ＳＳＣの建設中止という冷戦崩壊後の異変である。ヒッグス粒子か？　健康保険か？　という奇妙な選択の中で素粒子が外され、建設を推進した多くのノーベル賞学者たちが裸の王様に見えた。世間の目がなぜそこまで変わったのか？　己れの学問人生の根拠に関わることとして頭が動き始めていたのである。[*5]

「問う」科学から「問われる」科学へ

一九九五年、『科学と幸福』の原稿ができて発行までの間に阪神大震災とオウム事件があり、私の論点とは違う流れでも科学が問われだした。これら「大事件」で科学は社会から直接に問われるという局面に変わり、私の科学界内部に問うというデリケートな「問いかけ」は吹っ飛んだ感じがあった。

しかし、科学者相手の雑誌には書評もでて、一定の反響はあった。[*6] 特に柴谷篤弘の書評[*7]は痛烈で、実在の哲学は池田清彦並みに合格だが、「エリート物理学者の世間知らずをさらけだした」社会性で落第と評された。確かにSSC騒動はエリート研究者を襲ったもので、柴谷のいう「市

*2　佐藤「フリードマン生誕百年国際会議」『へるめす』一九八九年一一月号、「遠いものとの距離」一九八九年三月。
*3　青木保・佐和隆光・中村雄二郎・松井孝典編集「21世紀問題群ブックス」全二四冊。
*4　『東京新聞』七月二一―二三日文化欄。
*5　巻頭言「坊主か？　職人か？」『科学』一九九四年五月、佐和隆光・佐藤「対談　ポスト冷戦と物理学」『世界』一九九四年九月。
*6　『科学』書評一九九六年一月、佐々木力、藤永茂、『科学哲学』書評二九巻（一九九六年）、奥雅博。
*7　九州大のグループが発行する雑誌『科学・社会・人間』第五七巻。

民・大衆・女性」の幸福とは別世界である。彼とは小松左京の集まりでご一緒していて面識があり[*8]、「書評」を見て間もなくのお盆の頃、偶然に市バスの中で柴谷に出くわし、墓参りで知恩院のバス停で降り際に「その内に応答を書きますよ」と言いつつ果たせなかったが、元祖「科学批判[*9]」との出会いではあった。

「科学／技術と人間」

「大事件[*10]」の影響もあり、科学は「問われる」立場に転じて大きく社会問題化し、私もそこに登場した。科学技術への冷戦崩壊の影響は予想を超えたもので、世紀末にかけて、国内外で、科学技術政策が変動しだした。そうした中、研究者側から科学そのものを問い直す機運も生まれ、大塚のイニシアチブで一九九九年には岡田節人、佐藤文隆、竹内啓、長尾真、中村雄二郎、村上陽一郎、吉川弘之の編集による岩波講座「科学／技術と人間」が企画され、全一二巻が刊行された。このとき「科学」と「技術」の表記が話題になり「スラッシュ（／）」で結ぶことにしたが流行らなかったようだ。

大塚は一九九六年末に社長になったが、一九九九年初めから年二回の割で出版懇談会なるものを社長室で約一〇回開いた[*11]。夕刻にかけての集まりで、私の宿泊先は文人がよくカンヅメになったという神田の山の上ホテルだった。朝日賞委員会での定宿だった帝国ホテルと違って小規模であるが、歴史を感じさせる趣があった。

「岩波現代文庫」

二〇〇〇年に岩波現代文庫が発足したが『科学と幸福』はスタートのラインナップに入った。同じ頃ハングルの翻訳も出た。「文庫」発足のパーティに招かれたが次のファックスを送った。「すばる望遠鏡の開所式出席のためハワイに出発する日と重なり、大塚さんの「出頭命令」にお応え出来なくてすみません。最近は私もだいぶ文化人らしくなりましたが、まだこちこちの科学者であった頃に大塚さんがやってきて「科学と幸福」という本を書けといいました。この題名はいかにもユニークで、書くのは御免だがぜひ読んでみたいような本です。科学が調子よく進行

＊8　小松左京が還暦記念で、一九九一年一月、白浜に小田稔、佐藤、森本雅樹、樋口敬二、松井孝典、岡田節人、柴谷篤弘、畑中正一、吉田夏彦、杉田繁治を集め「饗宴」を行なった。『宇宙・生命・知性の最前線　十賢一愚科学問答』（講談社）はその記録。

＊9　柴谷篤弘『反科学論　ひとつの知識・ひとつの学問をめざして』ちくま学芸文庫、初版は一九七三年。

＊10　佐藤「原爆と科学の現在」『朝日新聞』一九九五年一一月二五日、竹内啓・佐藤「対談　科学者は何処にいるか」『現代思想』一九九六年五月、養老孟司・中村雄一郎・佐藤「鼎談　現代社会と科学」『科学朝日』一九九六年一月、村上陽一郎・上野健爾・佐藤「鼎談　科学はいまどこにあるのか」『科学』一九九九年三月。

＊11　メンバーは網野善彦、宇沢弘文、大岡信、坂部恵、坂本義和、佐藤、長尾真、中川久定、二宮宏之、福田歓一。

中のときには想像もしない根源的テーマです。(…)この本の脱稿の頃に大震災とオウム事件が起きて、戦後拡大した科学界に蔓延している惰性の見直しが迫られると予感しましたが、その後予想以上の早さで科学のコアの部分にまでその波は迫ってきました。執筆時には自分でも少し深読みし過ぎかなと思ったが、奥深いところで科学の社会的土台は揺れています」。

物理の「岩波講座」

学生の時から、物理の「岩波講座」には、一読者(一九五四―五九)、分担執筆者(一九七一―七三)、編者と執筆者(一九九〇―九五)、企画・編者・執筆(二〇〇〇―〇五)のように関わりを深めてきた。「岩波講座物理学及び化学」は古く一九四〇年代に発するが、私が大学生になった頃の「岩波講座現代物理」は基礎・実験法・新領域を含む一二箱の分冊方式(一箱に平均三分冊)だった。第一版の編者・執筆者が東大系なのにくらべ第二版では菊地正士(阪大)や湯川の関与が大きく、その中の一冊『核融合』が私の人生を決めたという話は前にした[*12]。

二回目が湯川秀樹監修「現代物理学の基礎」全一一巻で、構成と各巻の編者を監修者が決め、さらに湯川も執筆した。私は林・早川編『宇宙物理学』の執筆者六人の一人で、湯川も出席しての打ち合わせが一流料亭だった記憶が鮮烈である。後にその場にいた岩波の人が定年の挨拶で訪れた際に、ひじ立て座りで臆面もなく発言する若造に驚いたという思い出を話してくれた。三二歳頃だが相当に生意気な若者だったようだ。

三回目は「岩波講座現代の物理学」（全二一巻）、編集委員は江沢洋、大貫義郎、佐藤、鈴木増雄、恒藤敏彦、長岡洋介と全員理論家であり、執筆も同様であった。企画の立ち上げには参加していないが、手法の現代化が目標のようだった。素粒子物理に戸塚洋二、電磁気学に牟田泰三を執筆者にノミネートした。カミオカンデの戸塚には実験家だと異論もあったが、日本の素粒子研究界の風景が変わると主張した。自分では『宇宙物理』と小玉英雄と共著の『一般相対性理論』を執筆した。「宇宙物理学」としなかったのは、流体から素粒子までの〝ごった煮〟で体系的な学でないと強調するためだ。共著の本にはこれまでの邦文教科書にない数学的に高度な内容を盛り込んだ。一般相対論はスッキリした体系なので中途半端な力量の若者が嵌りやすいが、喰っていける規模は限られている。あたら人生を無駄にしない為にも早期の人払いを意図して高度にしたのだが、なぜか本は不気味なほどよく売れた。

岩波講座「物理の世界」

四回目は編者の構成の段階から相談があった「岩波講座物理の世界」（全八五冊）である。七〇

＊12　本書第4章＊8。

年代までの企画では初版で二万冊も出たそうだが、物理学の後退が口にのぼる中での企画であった。「後退」についての私の見立ては広い物理と狭い物理の「二つの物理」の絡みにあった。五〇年代の講座の読者は土木から冶金まで入る〝広い物理〟に広がっているのに、八〇年代以後では専門分化し、研究者も研究への内向きの関心だけになり、横断的な体系、概念、教育の刷新には興味を持たなくなった。この企画は〝広い物理〟の現状に初心者も専門家もアプローチ出来る広場を作ることであった。初期の薄い多数の分冊方式に戻り、実験家にも多く執筆して貰うよう心掛けた。

湯川監修の二回目と理論主導の三回目は体系重視だった。湯川監修のは二〇一二年に再版され、三回目の一部も息長く出ている。四回目の「物理の世界」は分冊の復活で、私は〝切り売り〟と称したが、これには反発もあったようだ。この頃からネット時代に突入し出版事情が大きく変貌し、「広い物理」の情報収集ツールが様変わりする変化を予想することは当時出来なかった。紙出版の役目は訓練的教科書になるのかも知れない。

『岩波理化学辞典』

ネット検索の普及で一九三五年初版のこの辞典も微妙な位置にあり、第四版(一九八七年)に次ぐ一九九八年の第五版以来改訂は止まっている。第五版の編者は長倉三郎、井口洋夫、江沢洋、岩村秀、佐藤、久保亮五である。久保の推挙でこの版から編者に名を連ねたが、発行時には久保は逝去されていた。この辞典のハングル版が出ているが厚さが一〇センチもある本である。第四版から関わったが、新項目を入れるために、旧項目を削る作業が大変だった。分担した天文・地球の項目は昔は多かった。

雑誌『科学』

岩波の『科学』に執筆した回数は三七回にのぼり、巻頭言を五つも書いている。類似の雑誌と比較すると圧倒的に多い。[*13] 研究の興隆を捉えて『科学』掲載の南部陽一郎らの論稿四二篇を再掲した佐藤編集『宇宙論と統一理論の展開』(初版一九八七年)は予想外に部数を伸ばし七刷以上を重ねた。しかし出版直後の超新星1987A観測での、カミオカンデやX線衛星「ぎんが」の大活躍は外れてしまった。この年末に *Physics Today* がこの宇宙観測陣の活躍と低温超電導やハイテクでの活躍を一緒にした「日本の科学」特集を組んだが、[*14] 先の佐藤編集本は従来通りの理論過剰の

＊13 「活字になったもの(邦文)」をエクセルに打ち込んでいるが、『Mpc』連載だけで二七〇にもなり、全体では約一五〇〇件に上る。科学系雑誌では『自然』一六、『科学朝日』一〇、『数理科学』(サイエンス社)四五、『パリティ』三〇、『Quark(クォーク)』三〇、『日本物理学会誌』三七、『天文月報』(天文学会)一〇、『素粒子論研究』二五など。英文の論文などは約一五〇件。

＊14 本書第8章および佐藤「超新星爆発とSSC中止の間」『歴史のなかの科学』(青土社)、第8章。

イメージを固定させたのは忸怩たる思いがする。

『アインシュタインが考えたこと』など

岩波から出した二〇冊あまりの単行本のなかでロングセラーはこの岩波ジュニア新書である。一九八一年の初版から二〇一九年までで四八刷だが、この新書にはこれを上回るものもあり、学校や学習塾の定番にはまるとこうなる。これには担当した堺信幸の平明な文章術も寄与している。その後しばらく宮部信明が私の単行本を担当してくれたが、彼は京大理の大学院途中から岩波に転じた男で、その後は取締役の一人になった。『講座物理の世界』では彼と吉田宇一に世話になった。学部学生むきの退官講義を『宇宙物理への道』にするのに猿山直美の手を煩わせたが、後に艸場よしみの原稿を持ち込んだ時に彼女は独自の判断で社内の了承を取り付けてくれた。[*15]「科学／技術と人間」の担当は山口昭男だったが、彼は大塚の後に社長になり佐藤妙子が引き継いだ。『宇宙論への招待』に続く二冊目の岩波新書『職業としての科学』では焦点がぐらついて千葉克彦を心配させた。この出版から半年ほどして「3・11」があり、科学をめぐる局面はまた大転回し、『科学と幸福』の時と同じくまた外された感がした。

雑誌『自然』中央公論社

岩波との関わりに触れてきたが、時を一九六〇年代後半に戻すと、ビッグバンCMB発見（一九六五年末）の記事を学会誌から依頼されたあたりから「活字になる」機会が増えた。[*16] 無名の三〇歳前なのに新聞にも書いているが、湯川が林にまわし、林が私にまわしたものだ。学会誌の記事をみて雑誌『自然』の石川昴がコンタクトしてきて以来、一九八四年の廃刊までの十数年、毎年一本は書いていた。私と同世代だが朝永番でもある彼は話題も豊富で、よく談笑のために、八重洲口に近い中央公論社のパーラーに足を運んだ。

講談社ブルーバックス『相対論的宇宙論』

松田卓也との共著のこのブルーバックスは四四刷を重ねたが、なんといっても興隆しつつあった潮流をいち早く伝えた本だったので、我々のも含むその後の類書とは際立って違う勢いがあっ

＊15 佐藤・艸場よしみ『科学にすがるな！ 宇宙と死をめぐる特別授業』二〇一三年。
＊16 「宇宙の温度」『物理学会誌』一九六六年七月、「最近の宇宙論」（林と共著）『科学』一九六六年八月、「膨張する宇宙」『天文月報』一九六七年七月。

た。これで松田も「もの書き」の切符を手にした。ブルーバックスと雑誌『Quark（クォーク）』で付き合いがあった柳田和哉が取締役になった折に名著復刊として新装版（二〇〇三年）を出してくれたが、その帯には「「銀河鉄道999」や「宇宙戦艦ヤマト」の多くのアイディアがこの本から生まれました」という松本零士のメッセージがある。ブレーク前の松本による奇抜なカバーのイラストと散りばめられた挿絵も売れゆきを支えたのだろう。担当の林重見に感謝だ。

一九九一年のホーキングもやって来た国際会議MG6の京都開催では雑誌の企画も絡めて資金の援助をして貰った。バブル期でもあったが、ネット社会到来前の出版界にはまだ今と違って余力があった。

集英社『イミダス』

バブル期の出版界の隆盛を示すものに毎年内容を更新して発行する分厚い情報本があった。[*17] 私は『イミダス』創刊時に物理学のセクション担当を依頼されたが、物性関係を京大物理で同僚だった蔵本由紀を口説いて引き込み、二人で担当した。数年して担当が新人の小峰和徳となり、その後二〇年以上にわたり毎年の更新で彼との関係が続いた。年一度、彼は日本の雑誌や新聞に載った関連記事のコピーを纏めて届けてくれた。これは物理研究が世間にどう見えているかの資料であり、継続して見ていると、視点を客観化するよいツールとなった。世紀末頃から今でいう量子情報関係のハイテクものが多くなり、量子工学という分野を新設する提案をし、そちらに移したりした。また、毎年の進展を俯瞰的にみる視点が継続し、海外の雑誌の年間総括みたいな特集にも目を通すようになった。『物理学の世紀』（一九九九年）を集英社新書創刊一〇冊にラインアップされて上梓したのはこれを一〇〇年に拡大したものである。

京都大学学術出版会

京大に出版会が出来たのは、東大と違って、そう古くはない。一九九九―〇二年に理事長を務めたが、ギリシア哲学の藤沢令夫、経済の尾崎芳治に続いて三代目であった。私はある慢性病で定期的に京大病院に通院していたが、定年後は、出版会の事務所が格好の立ち寄り先となった。特に小野利家に代わった三代目の編集長鈴木哲也とは定期的に談笑する間柄になった。無駄話だけでなく『素粒子の世界を拓く』では鈴木、『アインシュタインの反乱と量子コンピュータ』では高垣和重、『林忠四郎の全仕事』では永野祥子に世話になって仕事もした。また出版助成の工

＊17　『現代用語の基礎知識』は長年の工夫で販売数を伸ばすのに追随して一九八六年集英社が『イミダス』、一九八九年に朝日新聞社が『知恵蔵』を刊行したが、紙版は各々二〇〇六年、二〇〇七年に廃刊。『イミダス』はネットでその後一〇年ほど縮小して更新を続けたが、二〇一八年に完全中止。

面をして明治期物理実験機器の調査報告や戦時期の京大核物理の歴史の刊行に助力した。[*18]

『現代思想』

本書のもとになる連載をしていたこの雑誌との付き合いは、『科学と幸福』を見て連載の依頼を受けたことに始まる。この時は編集者にも全く見えていなかった量子力学もので一年ほど連載し、『量子力学のイデオロギー』という反時代的なタイトルで上梓した。それから十数年した二〇一〇年頃と思うが、東京で講演をした折に、ホテルにまで付いて来た菱沼達也が私にアジられてあの「量子力学」を復活させようとなり、その後、雑誌連載の依頼も受けた。こうしてここ一〇年ほどは彼の手で六冊もの単行本を上梓し、連載はもう五年目になる。この間、東京に行った時は定宿にしていた湯島のホテルでよく談笑した。

この連載で大森荘蔵の『時は流れず』にある「過去の制作」を論じたものが大森を刺激して絶筆の考察となった。三島での彼を囲む研究会に招かれて出席した余韻で書いたものだった。[*19]

みさと天文台『Mpc』などへの連載

連載といえば、現在、『京都新聞』の日曜日コラムの「天眼」に寄稿しているが、[*20]二〇一一年一一六月には週一で『日本経済新聞』夕刊の「あすへの話題」を書いたほか、物理以外の六回ぐらいの連載は『神戸新聞』、『世界週報』や『日本歯科医師会雑誌』などがあった。

連載で一番長く続いているのはみさと天文台の広報紙『Mpc（メガパーセク）』のコラムである。[21]一九九五年以来だからもう四半世紀になろうとしている。月一回二〇〇〇字で、初めは五回で一テーマにしたが、途中から三回に変えた。二〇一〇年頃までのものを使って岩波から〝自然もの〟三冊として上梓した。[22] 読者が天文ファンなのだが、連載のテーマは時々の興味で結構ひろくとっている。その情報は私のＨＰに載せている。[21]

＊18　永平幸雄・川合葉子編著『近代日本と物理実験機器　京都大学所蔵明治・大正期物理実験機器』二〇〇一年、政池明『荒勝文策と原子核物理学の黎明』二〇一八年。

＊19　佐藤「大森荘蔵の「時は流れず」量子力学90年」『科学者、あたりまえを疑う』青土社、第1章。

＊20　二〇一三年七月に私が加わった時点での執筆陣は上田正昭、浜矩子、梅原猛、瀬戸内寂聴、鷲田清一、山折哲雄、佐和隆光および佐藤で、二〇一九年一月時点では井波律子、尾池和夫、田端泰子、鷲田清一、山折哲雄、瀬戸内寂聴、佐和隆光、永田和宏、浜矩子および佐藤。

＊21　和歌山県紀美野町立みさと天文台（obs.jp/）『Mpc』コラム文章のタイトルおよび一部の改稿は佐藤のＨＰ（kir018304.kir.jp/wp-sato/）。

＊22　『火星の夕焼けはなぜ青い』一九九九年、『雲はなぜ落ちてこないのか』二〇〇五年、『夏はなぜ暑いのか』二〇〇九年。

出版元毎に書いてきたら大事な人が外れてしまった。朝日新聞社の科学医療部長までした尾関章とは、記者のつきあいを超えて量子力学で意気投合して、長く付き合った。ロンドン駐在のとき、ＮＴＴから在外研究で来ていた井元信之を知り、その研究室で量子情報の揺籃期に接して、にわかに量子力学に嵌ったのだ。尾関の大阪勤務時代には、阪大に移っていた井元も交えて、甲南大からの通勤帰りに梅田でワインを傾けたりした。

物理や数学を中心として科学ものの翻訳家として青木薫の名は読書人なら記憶にあるだろう。彼女は京大物理の原子核理論で学位をとった後に翻訳に転向したのだが、これには私も関わっていた。彼女の父親は私と同じ鮎貝村出身で彼女は山形市で育ったが、同郷といえる。一〇〇冊を超えんとする勢いで、また自著もだしており、どのみちでも花は開くものである。

第 11 章

揺れる学界諸事

――「戦後成長」の終焉とグローバル化

何が「カッコいい!」のか?

「桑原武夫が文化勲章を貰った時、インタビューのアナウンサーがこういう時の決まり文句である「この道一筋に」と話を向けたら「おれは一筋でない」と気色ばったのを見て「カッコいい!」と思った[*1]。〝降ってくる〟学界諸事への関わりは概ね受け止め、「専門」、「大学・学界」、「世間」を生きてきた。一筋でないからみな中途半端だったのかも知れないが、一度しかない人生を楽しめたことは事実である。

『プログレス』編集員

敗戦の混乱の中、戦時中の研究成果を海外に発信する熱意につき動かされて、湯川は一九四六年に欧文学術誌『プログレス』(Progress of Theoretical Physics、PTPと略記)を創刊し、一時は発行住所を自宅にしていた[*2]。同僚教授の小林稔[*3]の努力で滑り出し、基研発足後は二部屋を使用し五、六人を雇用する事業体に発展した。当時、原稿の数式は手書きなので、研究者による校正作業が不可欠だった。私もＤＣに進んだ頃から校正アルバイトを始め、ＰＴＰ事務室にはよく出入りしていたが、一九七〇年からは林から引き継いで編集員となった。[*4]

当時は「湯川先生のお手伝いをする」という感覚で光栄に感じた。湯川が編集長の時代、七、八人の編集員が一週おきに会合しレフェリーの選択と掲載の可否を決めていた。国内の関連研究者の多くはＰＴＰに投稿しており、研究状況を把握出来る場でもあった。まもなく編集だけでなく刊行会の運営にも携わり、[*5]京大定年までの三〇年余深く関わり、後半は多難だったが逃げ出すこともできず、苦労した。

＊1　佐藤「あとがき」『科学者の将来』、岩波書店、二〇〇一年。

＊2　井上健他『日本物理学会誌』vol. 26、一九七一年、五二一頁、および早川尚男、九後太一、川上則雄「Progress of Theoretical Physics を振り返る」『日本物理学会誌』vol. 67、二〇一二年、四九三―四九九頁。

＊3　小林（一九〇八―二〇〇一年）は一九三三年京大卒、理研を経て一九四四年に京大教授、原子核理論の研究室を主導した。ＰＴＰ立ち上げ、湯川滞米中の学内諸事、基研創設の学内対策などで、湯川の旺盛な活躍を実務面で支えた。一九九八―二〇〇三年に理研理事長を務めた小林俊一は稔の長男。

＊4　編集員は、時々、匿名のレフェリーの厳しい意見を伝える役であり、著者と軋轢が生ずる。この頃、林が担当した二次宇宙線関係の論文で「軋轢」が生じ、嫌気がさしていたと仄聞した。

＊5　湯川時代の理事会では寺本英と一緒だった。創刊時にアルバイト学生であった因縁で、生物物理に移って後も湯川に慰留されていた。当初、数学記号を扱える印刷屋は限られ、一九六〇年頃より、美術印刷の日写が引き受けていたが、ＩＴ化で事情が一変して他社が低価格で売り込んできた。京大一〇〇周年の寄付集めの時期と重なり、本社に出向いて寄付のために頭を下げ、決まった頃にＰＴＰ担当者をよんで打ち切りを伝えたが、後味の悪い思いだった。

「円高」と「IT化」の荒波

湯川あってのＰＴＰだったから、亡き後は急遽、長岡洋介[*6]や小沼通二[*7]らと、規則を成文化した。編集員や理事を基研の運営委員会がチェックする形に改めた。また刊行責任者は基研所長とするが刊行業務は基研所員の任務から分離する方向になり、それもあって理学部に移った後も編集委員長として長く関わることになった。

学術誌刊行事業は、一九七〇年代の「円高」では海外販売の収入増で一時は潤ったが、間もなく海外の契約部数の減少で赤字に見舞われた。久保が文部省へ要請して公的助成が大幅増されたが助成依存の体質に転じた面もあった。次に、円高が定着して海外誌への掲載料が安くなると、国内研究者からの投稿数がじわじわ減り出した。これには海外有力誌[*8]が研究者増に見合って拡大路線にでて掲載が容易になったこともあった。これは日本のショウ・ウインドウというＰＴＰの立場を危うくした。経済的理由と海外での審査の壁の高さ故に、国内の研究者にはＰＴＰへの投稿がデフォルトであったが、「円高」と「拡大」で選択肢が増えたのである。たまたまＰＴＰを預かる立場にあった者としては、〝みなの輿望を担って〟から〝選んで貰える魅力を売り込む〟立場への変化に当惑した。レター論文欄増設、レビュー論文の企画、表紙のデザイン変更などといろいろやったが決定打はなかった。

国内コニュニティーの融解

このドタバタの中で、大げさに言えば学術界でも戦後体制の終焉を実感した。一九八〇年前後まで、関連の国内研究者の共同体が自明のものとして前提にされていて、基研やＰＴＰはその共有財産であり、その運営に与る者は「皆さんに奉公する」という誇りに支えられていた。ところが、日本の経済成長で研究者にも経済的余裕がでてくると、論文公表、学術情報取得、国際会議開催、海外渡航など、基研やＰＴＰを介さず、各自がいわば国際市場を物色して選択する自由度が生まれた。こうなると「預かる立場」の者は「選ばれた」ではなく、「選ばれる」立場へと転落する。これはどの業界でもあったことだろうが、私もこの転換期を湯川レガシーを預かる立場にいて痛感した。

＊6　長岡洋介（一九三三―）は東大久保研出身で物性物理を研究。基研助手、名古屋大助教授を経て一九七七年基研教授になるも一九八六年名大教授に転じ、一九九〇年再び所長として基研に戻り、理論研との合併後の処置にあたった。学術会議物研連委員長や物理学会会長を歴任。

＊7　小沼通二（一九三一―）東大出身の素粒子理論家で一九六七年基研助教授、一九八三年慶應大学教授、物理学会会長などを歴任。パグウォッシュ会議の日本委員、湯川史料の整理などを続けている。

＊8　米物理学会発行の *Physical Review* や North Holland 社（後のエルセビア）の *Nuclear Physics* など。

IT・オンライン化の波

一九九〇年代からこの荒波は出版業全般に及ぶが、米物理学会の雑誌が先導的にオンライン化を始め、また利用者がＩＴと親和的だったこともあり、物理学の学術誌刊行のオンライン化は早期に徹底的に訪れた。それまでの国民国家の制度であった各国の学会系の雑誌の存続が危うくなった。九〇年代後半、日本物理学会、応用物理学会、それにＰＴＰ三者の懇談会が起ち上がり、私はＰＴＰを代表してしばしば東京に出向いた。紆余曲折を経て、二〇一二年末、発行元はOxford University PressとするPTEPに引き継がれ、ネット時代の編集体制に刷新されて基研のオフィスも七〇年余りの歴史を閉じた。[*2]

日本物理学会会長

転換期の学術誌問題で学会活動に関与する中で、日本物理学会の役職につくようになった。若い時から基研の研究会が発表と討論の場だったので、学会に出席する習慣がなく学会活動には無頓着だった。だから二年間の正副の会長職にも特別の抱負はなかったが、「法人改革」の時期に重なって改定反対の声に付きあった。これは時代の変容が表出させた学問の自己修養と職業（公共性）の両面性に関わる根本課題で、会長挨拶では「「日本」という問題」を書いた。[*9]
ある理事会の雑談のとき、高輝度青色ＬＥＤへの仁科賞が中村修二だけで、青色発光への業績がとばされたのはおかしいという声をきき、赤崎勇を朝日賞の学会推薦でだした。その後、ノーベル賞までこのシナリオが定着した。会長名で推薦しただけなのだが、赤崎に感謝され、後にＪＳＴ制作の発明物語のビデオにも登場を依頼された。

日本学術会議・物研連・大型科学

物理学会会長の後は日本学術会議会員になり、物理学研究連絡委員会の委員長を務めた。ここも制度変革の最中で旧制度の終わりの期だった。吉川会長の指示で「大型科学」の主査になり、学術体制常置委員会の幹事の一人になったので一年生会員なのに結構いろいろな場に出た。副会長吉田民人が仕切る「新しい学術体系」の噛み合わない議論には疲れた。委員長を努めた当時の物研連では大学法人化に伴う共同利用研や共同利用施設の経費負担がホットな話題だった。小柴ノーベル賞での講演会、総合科学技術会議体制移行に伴う「アルマ」の学術会議でのシンポジウム、ノーベル賞一〇〇年記念イベント及び京都集会、米澤会員の交代など偶発的な仕事が委員長

＊9　佐藤「巻頭言」『日本物理学会誌』vol. 55、二〇〇〇年、一一二頁。

には舞い込んだ。メール時代直前の郵送時代だったので、京大退職後で秘書体制のないなかでの実務は大変だった。IUPAP の副会長に推されたこともあったが、新しい職場では無理だと思って断った。また World Scientific の雑誌の編集員も同じ理由でこの頃にやめにした。

総合誌創刊の試みの挫折

学術誌の変革期の認識が広まり、こうした課題での立役者の一人となり、学術会議でシンポジウムなどもやった。こうしたなかで主導的にやるべき仕事が持ち上がった。学術誌での日本の国際的プレゼンスを高めるために *Science* や *Nature* のような科学の総合誌を日本で作る構想が浮上し、その推進役にならないかと誘われて引き受け、一年半ほどの間、東京に出て忙しく動いた。学界の重鎮や学術情報関係の省庁に説いて回ったり、*Nature* の編集経験者を招いたＮＩＩの軽井沢の施設での勉強会に出たりした。新雑誌の構成見本、組織案、財政案なども書き下したりした。

概ね好意的だったが、領域によって温度差があった。また国際的に通用する情報誌的なものは政府絡みで始めてもダメだという声もあった。確かに新ノーベル賞を作るよりは、現ノーベル賞の中で存在感を増せばいい、という主張にも一理ある。良い論文が取られるという既存雑誌の狭い了見の警戒もあった。そうこうするする内に、私も初動のモーメンタムが失われて行くのを感じたので諦めることにした。当時ＮＩＩ所長で応援いただいた末松安晴にはその後も稲盛財団の会議で一緒の機会があったが、「残念だったね」と慰労の言葉をかけてもらった。

湯川記念財団

ＰＴＰとならぶ湯川のレガシーに湯川記念財団があった。[*10] 湯川帰国から三年目の一九五六年に文化人的な財界人を揃えて設立され、湯川奨学金が当初の事業であった。所長退任後、私も役員になったが、二代目理事長の湯浅は財団の会合後に原田、牧、佐藤をポケットマネーで料亭に接待してくれた。原田暦二は老齢で辞めるまで事務長を務め、昔流に電話取りや清書はすべて女子事務員にやらせる慣わしだった。

インフレなどで基金は枯渇したが、創設二五周年記念と銘打って三億円の寄付を集めた。科学技術会議の議員であった元総長岡本から米沢電電公社総裁に依頼して経団連が動いてくれたのだ。

＊10　創立時役員は鳥養利三郎（元総長）、長谷川万吉（元学部長）、湯川、小林、湯浅祐一、大原総一郎、下中弥三郎、渋沢敬三及び京福電鉄、松竹、島津製作所、日本繊維の社長。理事長は鳥養、湯浅（一九七四）、沢田敏男（元総長、一九九四）、佐藤（二〇〇〇）、益川（二〇〇九）、九後太一（二〇一四）で、鳥養、湯浅は逝去による交代。役員と寄付の結びつきが無くなったので、二〇〇〇年以後の役員は基研関係者で構成した。それまでの役員は関西の財界人、千家のような京都の名士が役員に名を連ね、会合には総務の人が代理出席する慣わしであった。湯浅は湯川と中学時代からの友人であり、湯浅電池のオーナー社長、また蜷川革新府政時代、京都府の公安委員会委員長や体育団体の長であった。

一九八三年頃、湯浅電池の東京支社が運転手つきで車を出してくれ、原田、牧、佐藤が経団連の紹介状を持って業界団体や企業を数日間回った。その後も原田が頑張って九一年にはほぼ目標に達した。湯川の名がまだ威信を持ち、経団連が仕切る「日本株式会社」崩壊が始まる直前の時期であった。

間もなく、企業風土の変貌、低金利、法人改革など、予期せぬ時代の変動に翻弄された。世紀の末には役員も基研関係者のみの現体制に変え、基金を投資で運用して運営費を稼ぐ姿に変えていった。

仁科財団が仁科と朝永の評伝ビデオを作成し、湯川の評伝ビデオも作らないかという売り込みがあった。基研の関係者でもある金森順次郎阪大総長の口利きで関経連の紹介状を取り付けて会社まわりをしたが、大半は断られた。「少し前なら協力できたが」と担当者によく言われ、この時期の会社風土の激変を体感した。一人で回り何とか三〇〇〇万円の目標を達成してビデオは完成し、後の「生誕一〇〇年」事業の下準備となった。

役員が現体制になる前には、医学部放射線科の教授と原産会議の森一久が出ており、中間子の応用的展開が考えられていたようだ。湯川生誕一〇〇年の頃、財団から記念出版の本を贈った際に森から会いたいと言って来られ、日本工業倶楽部で食事したことがあったが、その後間もなく亡くなられた。

核融合フォーラム

甲南大に移って一年ほどした頃に原研那珂研所長の松田慎三郎が来て、ITER[*11]参加の推進団体の議長に就いて欲しいと言って来た。彼とは初対面だが、京大工出身で、大学院で私の同級生の指導を受けたと言っていた。米国の脱退とか、その巨費とかで、ITERには批判が集中していた。加えて日本で展開されていた二つの方式の片方にしぼるので、当事者の意見も二分した。私が委員長をやる前の物研連ではゴーを出していたが、その後の政府段階で問題が噴出したのだ。

火中の栗を拾う役目だが引き受けた。外形的には湯川が「核融合プラズマ学会」の初代会長であり、私は彼の構想した「核エネルギー学講座」の出身であり、修士まではよく創立間もないプラズマ研究所にも通った、といった来歴がある。もっとも、そんな牧歌的な理由だけで受けたのではない。むしろ冷戦崩壊後の大型科学の課題として捉えた。SSC中止の衝撃など、冷戦後には人一倍敏感になっていた。この少し前からもう一つの冷戦レガシーである巨費科学ISSの盛り立てにも参加していた。

二〇〇二年五月の核融合フォーラムの立ち上げが日本未来科学館を会場に開かれ、批判派も多

＊11　国際熱核融合炉はEU、日本、米国、ロシア、中国、韓国、インドが参加する国際プロジェクトで、南フランスのカダラッシュに建設中。

数出席して混乱もあったが、ともかくオール・ジャパンで発足させた。関係者の苦労もあったようだが、これで政府は国内誘致に動きだし、ＥＵと競い、膠着した。二〇〇四年一二月、原子力学会と核融合プラズマ学会の会長と三人で官邸に細田官房長官を訪ね早期妥結を要望した。宙ぶらりんで長引けば関係分野自体が疲弊する危機感をもった。まもなく敷地はフランスに決定し、同時に日本・ＥＵ共同プロジェクトの新施設が六ヶ所に設置された。これで、米国も戻り、順調に滑り出したが、技術的困難や予算超過などで大幅に計画が遅延し、予断を許さない状態にある。

まだ経済的なエネルギーの選択肢にもなっていないが、世界中の優秀な研究者が築いた実績をぽいと捨てるのは無謀であり、世界的に絞った実験で実現し、実用化に向かうかどうかはそこで判断すべきだろう。冷静に見れば、多数の中規模の方が高額なのだ。これはまた大型科学の国際研究所の嚆矢であり、二〇〇九年のフォーラムでは「科学技術におけるグローバリズムとナショナリズム」のタイトルでITER、ＩＳＳ、ＩＬＣを並べる機会を持った。国際プロジェクトが絶えると、技術開発の国家戦略は軍事だけに集中することになろう。

政府レベルでの決定に与った吉川弘之は物理学者のまとまりの悪さに腹を立てていたらしいが、ようやく動き出したので長居は無用と考えて二〇〇九年度に辞任し、中島正尚が後任に就いた。周囲はなぜあんな評判の悪いものに関わるのかと奇異な目で見ていたが、そういう雰囲気こそがおかしいと思っていた。来日するＥＵ側の関係者とも会うことがあったが、結構、広い分野の研究者がシニアになるとこういう役に就くことを知った。時々見るある分野の利益獲得に一生を捧げるような姿こそ異様に映る。

韓国の世界物理年――ハイテクのアインシュタイン

二〇〇五年の「世界物理年」には一年で二七回も講演をしたが、その一つに韓国清州市の忠北大学があった。この日は、韓国物理学会が主催して、竹島から三八度線までレーザー光をリレー式につなぐというイベントを各地でやっていた。企業と連携して三〇万個のレーザー・ポインターを、学生達に配布していた。この時もう一人、東北大の工学関係の人も別の大学に招待されていたらしいが、自民党筋から「竹島奪還の催しに日本人が参加している」とクレームがついたそうで、文科省から参加した事情の問い合わせがあった。『アインシュタインが考えたこと』をはじめ私の本は韓国語に五、六冊も翻訳されているからだろうと答えた。

「世界物理年」では私はアインシュタインの四つの顔（「革命の人」、「力強い科学技術」、「科学のロマン」、「ハイテク」）について語った。科学には四つ全てが大事であり、アインシュタインは全部の顔を持っている。この時期、レーザーや太陽電池といった「ハイテク」の創始者としてのアインシュタインが世界的にも強調された。韓国でもアインシュタインはレーザーと結び付けられている。「ロマン」のアインシュタインしか語られない日本と大違いだ。

この年、JSPSワシントン事務所は「日本科学フォーラム」を物理学で行い、私は大正時代のアインシュタイン訪日などについて講演した。ここでこの頃NSFで仕事していたターナー[*12]と一緒だった。この会の後、ボストンに住むビレキレン[*13]のケープ・コッドの別荘を訪ねて帰ってきた。

みさと天文台

この天文台の企画・設計を手掛けた上田篤の仲介で美里町長と会い名誉台長就任を要請された。オープンは平成七年（一九九五）七月七日に設定されており、最初の仕事は専任の台長の選定だった。春頃に初めて訪れたとき望遠鏡にMacのパソコンが繋がっているのをみて、デジカメへの転換期であることに気づいた。まだ珍しかったこのパソコンの姿がインターネット天文台構想にジャンプした。そうした構想を『天文月報』に書いていた尾久土正己が台長に浮上した。

全国町村会会長も歴任した当時の町長は補助金獲得の名手で、天文台は林業衰退補償の補助金だった。光ファイバー敷設も法務大臣をしていた地元の代議士に町長が依頼し、和歌山市のNTTの職員が「東京から言われた」とやって来た。まだ県庁と和歌山大学にしか敷設されていなかった時代にネットで繋がるという僥倖を活かして尾久土は大活躍した。[*14]一九九八年六月には世界にネットで繋がった公開天文台の国際ワークショップを美里町で開催した。海外からの参加者はこんなちっぽけな町の天文台だとは思わなかったようで、宿泊施設で不満も出たが、ネット開闢時の珍事でもあった。さらに尾久土は県庁が進める行政のIT化でも重用され、また大阪心斎橋でのネット放送の試みに私も付き合った。こういう活躍で二〇〇九年には科学技術分野の文部科学大臣表彰を受けた。また初代からの研究員の豊増伸二が故郷の豊橋市の視聴覚教育センターに移り人材の広がりもあった。

カミオカンデとの縁でハマフォトから光電子倍増管を天文台に寄贈して貰って展示し、また、野辺山電波天文台の初期の太陽電波のアンテナを廃棄するというのでその一つを貰って一九九七年に天文台の前庭に移築した。近年、ネット上ではインスタ映えする光景として天文ファンの聖地の一つになっている。京大定年の宴会では総長、学部長、理研理事長[15]、岩波社長に加えて美里町長から挨拶をもらった。

天文台の活動自体はうまく進んだが、新世紀に入った頃から自治体の赤字問題が浮上した。[16]地元の教育関連との連携を考えて和歌山大学や県の教育委員会に接触した。大学との連携は実り、二〇〇三年に尾久土は教授で移り、私も経営委員に就いたりした。その内に大学自体も弱体化し

＊12 本書第6章＊21を参照。

＊13 ビレキレン（Alexander Vilenkin）（一九四九―）ソ連ウクライナで大学を終え、一九七六年にユダヤ難民として米国に移住。膨張宇宙の「無からの生成」を唱えるなど、ホーキングとならぶ量子宇宙論のリーダー。米国移住後、大学の職の獲得に推薦状を書いてあげたことがあった。

＊14 尾久土正己『インターネット天文台』岩波書店、一九九九年。

＊15 二〇一一年までの一〇年余り理化学研究所の相談役であった。

＊16 二〇〇六年に美里町は野上町と合併して紀美野町となる。紀ノ川の支流である貴志川に沿って集落がある。

たが、一緒に地域との連携を図るのには役立ち、現在は会費制の友の会の協力にも支えられている。

科学教育いろいろ

大阪市立科学館の展示委員をやったこともあったが、京大定年の頃から新設の「きっづ光科学館ふぉとん」[*17]の名誉館長を一〇年ほどやった。光科学とはレーザーの意味だが、その展示の年表の最初にアインシュタインを加えてもらった。小学生中心の子供へのお話は次第に実演を織り込むスタイルに変えていった。小柴と白川英樹にも来ていただいた。研究者上がりの熱心な常任の館長永井との交流も楽しかった。

ノーベル物理学賞受賞を記念して小柴が二〇〇三年に創設した平成基礎科学財団の小柴昌俊科学教育賞の選考に十数回も関わった。書類で選考した候補を実地調査するために学校などを訪問するのであるが、これは現在の教育現場に接する貴重な場となった。評議員として財団の役員も務めていたが、財団は二〇一七年で解散となった。

変な話だが、大学で教育熱心とみなされると入試担当にされる。京大時代には物理問題の責任者を二回もやったが、学部長の終わった後に大学入試センターでの問題づくりに二年関わった。物理部会長としての二年目にはセンターの他の役職にも任ぜられて実態をみる機会となったが、一斉試験という巨大イベントの危うさを感じた。こういう経歴があると教科書出版社から声がかかり実教出版の物理教科書の編者として執筆者の高校教師らと一緒に仕事をした。少子化で発行部数が減少する中で、検定合格のために費やされる膨大な作業がペイするのかと不安になる状況に陥っているのを感じた。

責任を問う母体

大学や研究所や学界のしきたりは変容中だが、その変化は大戦敗戦時よりも大きいと思う。研究者のマインドが「法人化」の外枠の変化に連動するのか、しないのか、興味が湧く。実体験のない「逃げ切り」世代だが、一番変わったのは経営と研究教育の分離と責任体制の明確化のようだ。だが、経営者に対する株主のような「責任を問う母体」が明確でない。旧体制でも外部の目の仕組みはあって、私も国立天文台、宇宙科学研究所、ＫＥＫ素粒子原子核研究所の評議員や理化学研究所の相談役といった役を務めたが、「責任」は念頭に無かった。構成員も「責任を問う母体」だが、「旧」では「互選」でそこを結んだが、今ごろの「責任」は「外圧」を利用してベクトルを反対向きにしていないか気になる。ともかく慣れない新体制なのだから「責任を問う母

＊17　奈良市に接する京都府木津川市にある量子科学技術研究開発機構関西光科学研究所に付随する科学館。「きっづ」は木津と子供にかけ、「ふぉとん」は光子（photon）。

体」とその「責任」について議論を深めるべきだろう。

理研の相談役の会に出た初期の頃、元東北大の化学の先生だったと記憶するが、「所員は土曜日も出てきて実験しているのか！」と理研の執行部を問い詰めていた。とっくに「週休二日」の時期である。確かに化学ではどれだけ長く実験室に入り浸るかで業績が決まるというジンクスを若い頃聞いたものだ。いまどきの「外部委員」は何を問い詰めて「責任」を果たしているか知らないが、爆発的に規模拡大をした二〇世紀後半の研究界のマインドを歴史上のこととして書き出してみる時期のようだ。二〇世紀はもう歴史上の時代なのだから。

第 12 章

光陰者百代之過客[*0]

——岡本道雄と河合隼雄

桑原とツーショット

桑原武夫とのボケたツーショット写真が出てきて、心霊写真かと疑うほどあり得ないと思ったのだが調べてみるとリアルだった。一九八四年三月に箱根で生命倫理がテーマの世界賢人会議「生命科学と人間の会議」があり、それを主宰した科学技術会議議員の岡本道雄が海外参加者を京都に招いて「21世紀における科学と人間の尊厳」なる会を開いた。海外参加者に加え、岡本、桑原、沼正作、江橋節郎、岡田節人、梅原猛、吉田光邦、加藤新平、稲盛和夫、河合隼雄らと並び私もパネラーであったのだ。桑原、河合らは箱根会議にも出ており、京都の開会講演は桑原だった。自分の〝激動の七〇年代〟を経て物理や学内で名が広がるのは実感したが、こんな一世代上の大御所の並ぶ場に呼び出されて驚いた。岡本の采配であることは明白で、研究所長が「講座増」で総長に陳情する行政過程で生じた接触が異質な次元に変容したのである。日独文化センターでの講演者によく招かれたのも岡本の采配だった。ここでのあるシンポで木村敏と「リアリティとアクチュアリティ」について対話したことがあった。[*1]

「京都会議」

このような動きと連動して、同じ頃、「京都会議」[*2]というサロンに招かれるようになった。年三回ぐらいの頻度の会合で、報告、討論、食事、団欒と続いた。実際の出席者は毎回一〇名以内で結構深い議論もあった。その一端はテープを起こして出版もされている。[*3]一九八四年の稲盛財団の創設はこの流れとも関係があったようだ。一九九〇年代に入った頃、「自然と人間」をテーマに藤沢がチーフとなり、中川、佐藤、寺本英、蔵本由紀、木曾好能、深海浩が報告する学者だけの会にかわった。ときどき佐藤（幹）と本庶佑が討論に参加した。それまで佐藤（幹）には気

＊0　湯川秀樹半生の自叙伝の表題『旅人——ある物理学者の回想』（角川文庫、一九五八年『朝日新聞』連載）の旅人は「天地は万物の逆旅にして、光陰は百代の過客なり」（李太伯）から取られている。
＊1　佐藤「量子力学での実在の感覚」中村雄二郎。木村敏編集『講座　生命4』河合出版、二〇〇〇年。
＊2　「京都には、文化や学問のスポンサーとしての活動に尽力する企業家が多く、そういう経営者の一人であった榊田喜四夫（当時・京都信用金庫理事長）は、一九八〇年に若手財界人の稲盛和夫、石田隆一、立石孝雄、野村直晴、村田純一、湯浅暉久らを誘い、さらに著名な学者・思想家である江崎玲於奈、岡本道雄、佐藤文隆、田中美知太郎、早石修、広中平祐、福井謙一、藤澤令夫、森口親司、矢野暢を招いて「京都会議」を設立した」（一九八四—九〇年に広報誌を発行した京都通信社のHPより）。会合では伊谷純一郎、佐藤幹夫、中川久定、井村裕夫、本庶佑らとも顔を合わせた。
＊3　佐藤『宇宙の創造と時間』TBSブリタニカ、一九九五年。

難しいイメージを持っていたが、この場では活発に気軽に発言している様子に驚いた。この頃から「バイオの時代」が喧伝されており本庶は物理の普遍主義を揶揄していた。テープを起こして出版する計画もあったが実現しなかった。

稲盛財団[*4]

一九八五年から財団の活動は始まったが、オリヴィエ・メシアン、クロード・シャノン、アンジェイ・ワイダ、ノーム・チョムスキー、カール・ポパー、エドワード・ローレンツ、ユルゲン・ハーバマスといった、誰でも知るビッグネームに京都賞を授与して、国際的地歩を築いた。私は基礎科学部門の分野の一つである「地球科学・宇宙科学」と時々「数理科学」の選考に関わった。選考は専門委員会、審査委員会、京都賞委員会の「三審制」である。委員の「八〇歳定年制」でやめる二〇一八年度までの一二回は全分野の最終決定をする京都賞委員会の委員[*5]だったが、結構シビアな議論もあった。「研究助成」には初めから関係していた。見事に成長した「財団」を推進した稲盛の先見の明に敬服する。

早川幸男が審査委員長であった一九八七年度の受賞者は天文学者のヤン・オールトであったが、彼は冷泉家所蔵『明月記』の実見を希望し、財団の依頼で私が同行した。この背景にある超新星爆発の東洋での記録、かに星雲、電波天文といった興味ある物語は他所にゆずる。[*6]古文書修復が完了した二〇〇九年に上野で『明月記』の企画展があった。その頃に私の話に刺激された竹本修三[*7]が、日本古典の天文記述を昭和の初めに英語の世界に紹介した射場保昭のことを調べる中で、ネット上で射場の子息を見つけるという尾ひれがついた。

ノーベル賞の授賞式を参考にしたという豪華な京都賞の式典や大晩餐会は、当初はいろいろな声もあったが、回を重ねるごとに自然なものに定着した。在京の関係者ということで受賞者を囲む和輪庵の夕べのお座敷にも夫婦で招待され、生活に彩りをそえるものであった。「選考」や式典行事での分野を超えた学者との交わりの恩恵を享受した。

＊4　「京セラ」創業者の稲盛和夫（一九三二―）の寄付により創設され、主な事業は京都賞と研究助成。京都賞は先端技術部門、基礎科学部門、思想・芸術部門の三つの賞（賞金は当初五〇〇〇万円、現在一億円）の受賞者を選考し、授与式を盛大に行なっている。各部門で四年周期で分野を変え、「基礎科学」では生物科学、数理科学、地球科学・宇宙科学、生命科学の四分野である。「研究助成」は、毎年、若手（四〇歳以下）研究者五〇名に各一〇〇万円を贈呈。

＊5　二〇一八年度の京都賞委員会の委員は、榊裕之、巌佐庸、梶山千里、柏木博、川人光男、佐藤、長木誠司、中西重忠、野依良治、本庶佑、森重文、鷲田清一。

＊6　筆者のＨＰ（http://kir018304.kir.jp/wp-sato）の「科学の目での宇宙・自然をみる」にある「web201301–03 射場保昭」と「20140928 明月記博物2」を参照。

＊7　竹本（一九四二―）は京大の測地学講座の教授を務め、カミオカンデの坑道でレーザーによる地殻変動を測定するなどした。この件については、竹本「明月記をめぐる射場保昭と神田茂・井本進との交わり」『天文月報』二〇一五年七月号を参照。近年は「大飯原発差止京都訴訟団」の団長。

他分野の学者と同席するこんな場もあった。京都は執筆者が多いので、岩波書店は祇園の料理屋に五、六人を招いて「意見を聞く会」なるものをやっていて、私も数回ご馳走になったが、あるとき思いがけない人と同席した。一九九〇年代の中頃と思うが、鶴見俊輔と一緒で、年功の味のある談笑を傾聴した。帰る段になり、玄関でタクシーが着くのを待ち、まず最高齢の鶴見が最初に皆に挨拶して一旦出て行ったが直ぐに戻ってきて、頭に手をやり照れた様子で「家内から佐藤先生にお願いしてこいと言われた」と私を向いて言うのである。どうも、縁筋のある青年が宇宙物理学の研究に励んでおり、分野のボス役に見える私に目をかけて貰うよう頼んでこいと言われてきた様子だった。世の中のしがらみをバッタバッタと斬っていくイメージの鶴見が「それを言ってはダメでしょう!」と一瞬クラクラしたのを覚えている。この会で同席した多くは文系の現役の教授だったから、のちに学内で顔を合わせると同朋意識が湧き、よい刺激ではあった。

「公共哲学京都フォーラム」

「福田の最晩年に近かったと思うが、『公共哲学　全十巻』(東京大出版会)[*8]の刊行が終わった頃、福田歓一、溝口雄三、宇井純の三氏と一緒に、この刊行の下地になった連続討論会のスポンサーだった矢崎勝彦が設けた嵐山での一席に招かれたこともあった」[*9]。福田の『デモクラシーと国民国家』（岩波現代文庫）を引用した民主主義論議の文章の一節だが、湯川と福田のある接触にも触れている。

一九九八年頃と思うが突然に公共哲学京都フォーラムから京都のホテルで行われる討論会に誘われた。科学を内部からでなく公共財として外部からみる視点の大切さを説いていたので「誘い」にのった。この頃溝口の『公私』[*10]を読んだりしている。

矢崎は神戸に本拠をおく通販会社「フェリシモ」の創業者で、一九八九年に京都フォーラムを立ち上げて環境問題などの支援活動を始めた。一九九八年から十数年続いた公共哲学研究会への支援は大きな動きを学界にあたえた。やや独特だが彼の奉仕精神を他とするものである。

＊8　公共哲学シリーズは全三期二〇巻であり、第一期は佐々木毅、金泰昌編『公共哲学　全10巻』で、今田高俊・宇井純・黒住真・小林正弥・佐藤・鈴村興太郎・山脇直司が編集委員、私は第八巻『科学技術と公共性』を担当、執筆は佐藤・柴田治呂・岸輝雄・中村収三・軽部征夫・加藤尚武・村上陽一郎・武部啓・相田義明。
＊9　佐藤「「民主主義」、そして四つの科学」『科学者、あたりまえを疑う』青土社、二〇一六年、第12章。
＊10　溝口雄三『一語の辞典　公私』三省堂、一九九六年。

一見華やかなこういう交流を記していくと、「本業は？」と訝るかも知れないが、年表にすれば分かるが、以前書いた「本業」の時期と重なっており、交流は裏の息抜き、社交でもあった。一九八五年に理学部に戻った「本業」の場は、制度が拡充したので、院生の他に他大学からやってくるポストドックが増え、研究室のコロキウムも二〇人をこえる大所帯だった。いきおい次のポストの推薦状書きも増えたが、この世代にしては早期にPCワープロに切り替えた。春秋にはハイキングにいき、ときどき清滝あたりでバーベキューもやり、たまには自宅に招いて宴を開いた。研究室メンバーの結婚式にもよく出た。長く助教授であった中野武宣が国立天文台教授に移り、採用した助教授はすぐに他に教授で移り、一五年ほどの間に中野、佐々木節、杉山直、犬塚修一郎と助教授が次々かわった。

物理教室の宇宙線講座教授の代替わりに、名大から小山勝二を呼んでX線天文に変えていったが、「高エネルギー」や「スペース」の実験グループが教室から出ずっぱりになるのが教育環境としては気になった。

超新星1987Aの時、一緒に理論の論文を書いた寺沢敏夫とはその後も「地文台」のときまで長くつき合うが、この時の後まもなく東大地球惑星の教授となって京都を離れた。二〇〇六年頃、とつぜん東工大への推薦状を書いてくれと言ってきた。東大を出るとは何事かと翻意を促したが、雑用のないポストがいいと結局移り、任期があるのでもう一度宇宙線研に移った。

素粒子の助教授として基研に八〇年代の半ばに赴任した福来正孝は足繁く我々の研究室に出入りしていた。天文観測の国際計画にも参加するなど、完全に素粒子から宇宙に転身した。最終的には宇宙線研の教授に移るが、途中、他所への推薦状がらみのゴタゴタもあった。寺沢も福来も研究所向きの人材である。ある年になれば「運営」の雑用が増えるもので、自分も含め大半の者は受け入れるのだが、なかには研究以外を極小化するキャリアパスを選ぶ、あるいは選べる、人たちもいるのだ。

教授から教授への推薦状といえば阪大教授だった池内了[*11]も一九九六年頃に名大への推薦状を書いてくれと電話してきた。後輩の彼とは初期に共著論文もあったがしばらく関係はなかった。彼は京大助手のあと北大、東大（天文台）、阪大と転職し、「旧七帝大制覇」などと噂されていたが、名大に移った後は総研大で定年になったので「旧五帝大制覇」で終わった。早川のように観測と理論の両面での指導性を期待して書いたのだが、阪大の関係者からは「勝手なことされては困る」と叱られた。東京から帰った後任の高原文郎は最後まで務めた。

*11 池内はドイツ文学者池内紀の弟だが、大学院入試合格発表の後に林に自作の詩集（自費出版）を贈呈したらしく、他のスタッフを呼び出して「不良みたいだが大丈夫かな」と懸念をもらされたが、この兄弟は確かに自由さにおいて「知的不良」かもという林の直感は的を射ていた。

甲南大学へ

京大定年の二年ほど前に山本嘉一から甲南大に誘って貰い、また京都産業大の湯川研の後輩の曽我見郁夫からも漠然とした話があった。産大は私の二年後に益川を絶対に取りたいので、その前提で私が取れる確約を得るのに手間取ったようで、「やっと決まった」と言って貰ったときは甲南に決めた後だった。甲南大は遠いが、適度な運動効果はあった。基研には財団の理事長の関連で二〇一〇年頃まではよく行った。

甲南大では原子核理論の太田教授、和田助教授の理論研究室の一員にして貰った。山本、坂田、梶野の宇宙線グループとは別棟だった。初めの五年は四年生の卒研や就職相談の役もやった。約束の五年が終わる年に特別客員教授の新制度がスタートし、そのまま二年契約が四回延長され、都合一三年間もいさせて貰った。

移って間もなく岡田節人と一緒に登場する広報誌の企画があり、彼から甲南学園出身の学者が多くいることを知った。その一人が坂田昌一で、興味を持って調べ、ノーベル物理学賞受賞の益川と一緒の市民講演会の折にその歴史を披露した。昌一の父は学園の創始者平生釟三郎と親交のある阪神の財界人であった。

教養科目の自然科学史は一三年続けた。[*12] M1用の量子力学を、自分の勉強も兼ねて長く続けて、教科書にまとめた。[*13] 量子光学実験の教員市田正夫、青木珠緒がときどき聴講した。また途中から甲南大に就任した元学生の須佐元と教科書を書いた。[*14]

交流余禄

量子力学の教科書執筆の準備に本屋で近年の教科書をサーベイしていて北野正雄の名前に出会い、まもなく京大の松本総長体制に任命されて出ていた委員会[*15]で工学部長として出席している北野を認めた。接触はなかったが間もなく彼から私の単位本の電磁気の部分の訂正案の手紙が届いた。SI改定が予定されていて改定版を計画していたので、彼と共著で新版[*16]を完成させた。LEDノーベル賞の赤崎が京大理の出身だから名誉学位を授与したらと副学長北野に示唆して実現した。工学部には時々面白い人がおり、ペンローズ・タイリングの実験をペンローズに見せたいから研究室に連れてきてくれと電話してきた冶金の新宮秀夫の大胆さ、和歌山大の委員会への列車の

＊12 佐藤「自然科学史講義」『科学と人間』青土社、二〇一三年。
＊13 佐藤『量子力学ノート　数理と量子技術』サイエンス社、二〇一三年。
＊14 佐藤、須佐『一般物理学』裳華房、二〇一〇年。
＊15 二〇一二―一三年に「交付金削減」対策で発足した「組織改革」の教育研究組織改革合同委員会。他のOBメンバーは金田章裕、佐藤幸治、中川博次、本庶佑、土岐憲三、竹市雅俊、林哲介。
＊16 佐藤、北野『新SI単位と電磁気学』岩波書店。

なかで山歩きとIT新機器の楽しい自慢話をしてくれた情報の池田克夫、単位本に書いたセリウスとリンネがからむ温度単位の歴史話に詳細なコメントを寄せてくれた材料の教授の河合潤、など新鮮だった。

京都賞のある会で顔を合わせた時、伊藤邦武にデンマークの哲学者を介したボーアとジェームスの関連[*17]を伝えたところジェームス全集に「相補性」が登場するか興味があるといっていた。二〇一六年夏、国際高等研の高校生向きに一泊合宿の学校があり高橋義人[*18]、瀧井一博と一緒だった。近代日本の人物論を「ゲーテの会」でやっており、これはそのジュニア版で、このときは森鷗外、伊藤博文、湯川秀樹であった。瀧井とは初めてだったが翌年六月に日文研の研究会「明治日本の比較文明史的考察」（代表・瀧井一博）に招かれて「明治開国時の英国の理工事情：オックスブリッジと実験科学[*19]」を喋ったが、次の発表は井上章一の「ソビエトとアメリカの明治維新」だった。山田慶次と二〇一七年度京都府文化賞の贈呈式で再会したのは人文研での『気の自然像』（岩波書店）の合評会以来一五年ぶりだった。

臨床心理——河合隼雄

本章冒頭に記した会合で河合隼雄（一九二八—二〇〇七）とは個人的挨拶もなかったが、しばらくして、あの独特の節回しで「佐藤さん？　教育学部の河合だけど、研究室の連中にブラックホールやビッグバンの話でもしてやってくれんか」と研究室に電話があった。今なら「天下のカワイ」だが当時はまだそうでなかった。学問も色々に分類できるが、どの尺度でも臨床心理と理論物理は対極にあろうが、読書人の私は街の本屋の観察者でもあったから、この名前が目立ち始めたのには気づき、勝手に内容を推測して「何故こんな事がうけるのか?」と訝しく思っていた。数日後、教育学部の小さな講義室に出向いて喋った。河合は司会しただけで何も語らず、クライアントとして観察されたようだった。

その後、京都会議や稲盛財団の会合で話を拝聴して「臨床的」なるものに触れたが、最後まで当惑するものだった。私の解析力学の教科書の帯には「ものごとをありのままに見ない修行である」とあるが、運動の抽象的な表現法がピンとこないのは当然であり、「肝心なのは君らの頭に無いことを付け加えることなのだ」という教化主義だから、寄り添うという「臨床的」は当惑ものなのだ。一時彼は学生相談をやっていたが「正常な学生も病気になるよ」と悪態をついていた。日文研の所長となった一九九五年頃、彼は『現代日本文化論』全一三巻を責任編集したが、[*20]そ

＊17　佐藤『量子力学が描く希望の世界』「第8章　プラグマティズムと量子力学」。
＊18　ドイツ文学の高橋とは彼のゲーテ色彩論などをとおして付き合いがあったが『10代のための古典名句名言』(岩波ジュニア新書)を共著でだした。私のゲーテ論は『科学者、あたりまえを疑う』「第2章　ゲーテの色彩論、「できちゃった人間」」。
＊19　佐藤「工部大学校――後進国の先進性」『歴史のなかの科学』青土社、二〇一七年。
＊20　他の共同編者は中沢新一、大庭みな子、灰谷健次郎、内橋克人、谷川俊太郎、柳田邦男、養老孟司、上野千鶴子、鶴見俊輔、山田太一、横尾忠則、村上陽一郎。

の一つ『日本人の科学』の共同編者に依頼された。河合は全巻に文章を載せたが、私が福沢諭吉の文明開化批判にからめ「何もわからずハイテクを受け入れている」と論じたのを引いて、彼は「人間が自分の身体を〝自分のもの〟として、それを思いのままに使っているのだが、実はその仕組やはたらきについては何もしらないでいる、(…)」[*21]と返し、ロボットに機能を付加するように外界の物理法則を身体にインストールするような発想に疑問符を放っている。

駄洒落の達人

一九九九年三月、日文研でAmbiguity brought into Focusという国際シンポジウムがあり私は「真空——無いことの曖昧さ」という報告をした。[*22]嵐山西岸の隠れ宿みたいな所で懇親会があり、河合、中沢と冗談交じりで言い合った。この企画は中沢とプリンストン高等研究所のピート・ハットの提案だったらしい。ハットはオランダ出身の宇宙物理学者で、専門のシミュレーションでは日本にも共同研究者が多く、私がプリンストンに行った折にはダイソンとの対話をアレンジしてくれた。[*23]専門研究での活躍は知っていたが、東洋思想に関心を持つ裏技は全く知らなかった。

私の京大定年頃から、河合とは朝日賞の選考委員で一緒だった。東京の連中と言うことが違っていて面白かったが、会の後の朝日新聞社幹部との食事会で連発する彼の駄洒落は秀逸だった。二〇〇六年の晩春、京都でのある宴席で彼と一緒だった。当時は文化庁長官で、高松塚古墳の壁画修復トラブルでマスコミに追われていた。そのうっぷんからか、「日本文化はわび、さび、かび、や」と駄洒落をやり、誰かが「新聞記者の前で言ったらあかんぜ」と半畳を入れたのに続いて、「わび、さび、かびは同じ語源ちがうか？」と私が言うと、彼は「そりゃすごい、専門家に聞いてみよう」と座が盛り上がり、次に会うのを楽しみにしていたが、それから数ヶ月後、再起不能となり、先の話は結末なく終わった。追悼の随筆集にこの話を書いた。[*24] 高台寺輪久傳での昼食で彼の隣席になったとき、老化防止に楽器などを新しく始めよと忠告され、ハーモニカを買ったが長続きしなかった。彼の横笛のお披露目会のようにファンが集まるなら身も入るだろうが、彼我の身分の差を読み間違えていた。

不発の多田富雄との出会い

二〇〇〇年の頃、多田富雄（一九三四―二〇一〇）との出会いはふいに飛び込んだ。朝日賞の選考委員就任の依頼に来た時に多田が私の名を挙げたと聞いた。自然科学系の選考委員は長く小田

＊21　河合『日本文化のゆくえ』岩波現代文庫、二〇一三年、第六章。
＊22　河合、中沢新一編『「あいまい」の知』岩波書店、二〇〇三年。
＊23　佐藤『職業としての科学』岩波新書、二〇一一年、第八章。
＊24　佐藤「わび、さび、かび」『桑兪』輪久傳、第二集。

稔と多田だったが、小田が急逝された。小田は宇宙科学の先輩でながい付き合いだったが、多田とは縁がなかった。就任して多田との出会いを楽しみにしていたが直前に脳梗塞で倒れられて欠席だった。当時の委員は大江健三郎、大岡信、磯崎新、河合、多田と新メンバーの私である。次の会には多田は車椅子で出られたが、コンピュータを通じた対話で自由な交換の機会を逸した。その翌年から野依良治がはいり、二〇〇七年までこのメンバーだった。

倒れた後も多田は活発に活動し、自らの体験から厚労省のリハビリ政策を批判する声を組織し、また二〇〇七年には「自然科学とリベラルアーツの会 INSLA」を立ち上げ、私も賛同者に名を連ねた。新作の能などを結び目とする科学と文芸の交流を思い描かれていたようだ。二〇〇七年一〇月末に東寺で彼の新作能のひとつ「一石仙人」の公演があり、家内と一緒に鑑賞し、会場でお目にかかった。彼はアインシュタインに御執心であったが、理論物理屋の私のアインシュタイン像からすると多田のは崇拝気味に見えた。

一石仙人のお能を鑑賞しているときに頭に浮かんだのはベルトルト・ブレヒトの『ガリレオの生涯』（岩淵達治訳、岩波文庫）であった。ぞくぞくするような魅力ある新知識に止まらなくなるうごめきにコントロールのきかなくなる才人達の憎めない愚かさを描いたというのが私の解釈である。原爆の時期をはさんで彼は一度手を加えている。素粒子物理や一般相対論といった人間サイズを意に介さない超越的な存在を紙の上であれこれ弄る仕事の場に長く身をおくと、〝重さのない知識〟とそれがもたらす〝重さのある現実〟の過剰なコントラストに不感症になる。一九三九年のブラックホール論文のすぐ後にオッペンハイマーは原爆の指導者になり、戦後も、魅力ある物理を展開したガモフやホイラーは水爆の推進者であり、ソ連の水爆開発の貢献者であるサハロフやゼルドヴィッチもビッグバンなどの創始者である。真の新知識をかぎわける天才とそのうごめきが引き起こす現実、先端の科学はいつもこの危うさを秘めている。自由に対話できるチャンスがあったならばこういう問題を多田にぶつけてみたかった。

NPO「あいんしゅたいん」

二〇〇八年、物理学科で同年の坂東昌子[*25]が愛知大学の定年で京都に帰ってきて、科学教育普及の組織を作ろうと持ちかけられ、NPO「あいんしゅたいん」を立ち上げた。神戸大学定年でやはり京都に戻った松田卓也を誘い、また「リケジョ[*26]」を流行らせた免疫学の宇野賀津子が入って、坂東理事長で私は名誉会長。はじめの頃、JSTの補助金で動画シリーズ「科学を斬る！」を作成したが、これは今でもネットで見ることができる。翌年八月には「科学としての科学教育」、

＊25　私と同学年で湯川研究室出身、京大素粒子研究室助手のあと愛知大教授。日本物理学会長、日本学術会議連携会員など歴任、第二回湯浅年子記念賞（御茶ノ水大学）受賞。夫弘治も同級で東大原子核研究所教授の現役時にがんで病死。

＊26　宇野賀津子、坂東『理系の女の生き方ガイド』講談社ブルーバックス、二〇〇〇年。

また「3・11」をうけて二〇一一年八月に「原子力・生物学と物理」、という大研究会を基研で開催した。[*27] 基研にはあまり出入りしてない人たちが「湯川生誕一〇〇年」で新装なったパナソニック・ホール[*28]に集まった。坂東が物理学会会長の時期に培った全国的な人脈もあり、大盛会であった。その後、坂東は低レベル放射線問題の研究で特徴を出し、また学部生や院生を巻き込んだ「子供実験教室」を定期的に開催している。

発足時、学内組織と共同してキャンパス内の部屋を確保して順調に滑り出したが、まもなく外に確保しなければならなくなり、構内に隣接した民家を坂東が購入して、そこは女子研究者の溜まり場にもなっているようだ。一九六〇年代半ばの遠い昔、研究者として子供をえ、保育に困った昌子は、自宅を開放して私設の保育を仲間とはじめ、学内や地域に公立の保育所をつくる運動をやったパワーは健在であった。

鈴木健二郎夫妻

縁のきっかけはいろいろだ。子供ができたのを機に公務員住宅に応募し、一九六八年から一〇年ほど宇治構内の五階建てのアパートで暮らした。はじめ四階だったがまもなく同じ階段の二階に転居でき、後に入った家族と偶然に付き合いが始まった。子供の年頃が重なっていて、一緒に海水浴に行ったりし、さらに一〇年後、両家族ともいまの洛西ニュータウンに引っ越した。彼は工学部機械の教授で、ボート部の顧問などをするスポーツマンだった。

二年遅れで彼も京大を定年になり芝浦工大に移り、夫婦四人で東北ドライブを計画した。五月の連休、郡山でピックアップして貰い、会津から米沢にはいり、私の生家の跡を通り、最上川沿いにくだり、月山山麓を通って庄内に抜けた。我々の学生の頃、右派がかった憲法学者としてならした法学部教授の大石義雄は彼の妻の父親で、鶴岡の出身であった。月山越えの残雪に新緑が映える青空のコントラストは息をのむ美しさでいつまでも脳裏にのこる。年下なのに先に旅だった二人を近くの墓所にときどき訪れる今日この頃である。

＊27 「科学としての科学教育」『素粒子論研究』電子版 vol. 3–1、「原子力・生物学と物理」『素粒子論研究』電子版 vol. 13–3。
＊28 松下幸之助と湯川の父はともに和歌山の出である。湯川は「松下幸之助君誕生の地」という碑の揮毫をしており、その縁で「湯川誕生一〇〇年記念」の折にパナソニック社から基研にホールの建設費が寄付された。

おわりに――「長い戦後日本」

本書は月刊誌『現代思想』（青土社）に、二〇一八年八月からの一年間、連載したものに手を加えたものである。第1章に書いたように、「本の虫」が大学という職場を退出する際に味わった慚愧の念をきっかけとして本書の執筆が始まった。その話が伝わったわけではないが、高校の同級生で小学校の教師であった梅津一郎氏の仲介により、故郷の白鷹町の図書館の一角に私の書物や蔵書の一部が収まるようになった。図書館を含む町の庁舎改築の時期であったこと、梅津氏が教員退職後に町の文化施設の運営などに関与してきたことの中で実現したようである。老いの身辺整理に合わせて、徐々に送り出しを始めている。『現代思想』の連載中におこった朗報である。

この世代としてはコンピュータやネットの威力を比較的早くから認識し、仕事の仕方も変えてきた人間だと自負していたが、想定外だったのは書籍文化の衰退である。「誰が読むと思って本など書いているの？」という冷たい視線を気にして、それでも書いている。多彩な書籍文化は百年二百年先に必ずぶり返してくると信じている。書いても残らないかもしれないが、書かなければ残らないのは確かである。

私が京大理学部に入学したのは一九五六年四月であり、この学年の理学部同年会は「ごろり（56理）会」と称していた。この前年の秋に保守合同で自由民主党ができ、それによって盤石の「保守」を「革新」がチェックするという、55年体制とも呼ばれる、「長い戦後日本」がスタートしたのである。確かに二〇世紀後半の安定した「長い戦後日本」は、政治・経済でも、大学・研究界でも、官僚が主導して、結果として民度の向上を実現した。狂いだしたのは冷戦崩壊後の世界の激変によってである。安定継続を旨とする官僚主導はこれに対処出来ず、九〇年代の政治家は盛んに「改革」を叫んだが、敗戦の悲惨から世界のフロントにまで躍り出た成功体験の惰性から抜け出せるほど世間は身軽ではなかったのだと思う。

そして結局「長い戦後日本」の終焉は二一世紀に入っての「失われた20年」につながるのである。私の京大退職は二〇〇一年三月であり、学生から運営にもあずかる教授までを過ごした時期は「長い戦後日本」とちょうど重なる。そして自分の人生の展開をみてもこの大勢の上昇気分と同期していた気がする。正直いって、心地よい体制であった。変な言い方だが、どんな批判をしてもひっくり返らない安心感もあり、ポピュリズムの現在と違い、合理的な学問体系を背景にした言論界があり、テクノクラートのモラルの基盤をなしていた。

トランプ政権や欧州のポピュリズムの勃興と「長い戦後日本」の終焉は同じ根っこであり、その意味では「長い戦後世界」の終焉、あるいは「長い近代」の終焉なのかも知れない。人々を突き動かす価値観、哲学、心情といった基層において何か大きな変動が起っているのだ。学問の力が衰えて見えるのはこの変動をうまく捉えていないからであろう。この課題を長い人類の精神史の中に置いて考察することに興味が湧いてくるが、挑戦するにはやや巨大すぎそうである。

湯川秀樹は「長い戦後日本」の性格をよく体現している存在であったといえよう。世界的業績は「長い戦後日本」のキックオフに貢献したし、近年の日本のノーベル賞ラッシュの原点でもある。敗戦体験とヒロシマ・ナガサキ・ビキニ被曝の悔悟の念は国民と共有するものだった。また「勉強すれば人生は豊かになる」という、いたって真っ当な教えの説得性に富む教師であったし、カッコいい教養人のロールモデルでもあった。俗に「湯川は偉い」と思うのがポリティカル・コレクトネスであったことと「長い戦後日本」は相関していると言える。「長い戦後日本」の前期にはそれが濃厚に存在し、「後期」にはそれが薄れていったのは事実であろう。

湯川に惹かれて来たところが京都だったのであり、若い頃は京都という街に特別な思い入れはなかったのだが、はからずも大学入学以来これまで長々とここで暮らすことになり、この街の豊饒な滋味を大いに味わいつつ生きてきた僥倖を奇貨とするものである。田舎の高校生の一途な選択がこれほどのものをもたらすというのは、やはり人生捨てたものではないという気にさせる。もちろん特上の僥倖があったわけではないが、気ままな自由さとバランスさせれば、この辺りが最適解である気もする。

京都の滋味にすっぽりはまって、故郷のことにほとんど無頓着であった。父の商売は二〇〇八年に没した一番上の兄の代で廃業し、材木置き場や製材工場の広い敷地を手放したので、その一角にあった生家は跡形もなく姿を消し、面影はなにもない。また八人の兄弟姉妹のうち五人は東京周辺の住人となり、戦後日本の人口移動の典型のような家族であったことも疎遠になった要因である。それにも関わらず冒頭に記したように「生存資料」の一部が紅花の咲く故郷の白鷹町に帰ることになったのは人生の因縁を感じる奇遇といえる。感謝である。

本書には多くの人名が登場するが、本文中、敬称や愛称は全て省略させて貰うことにした。統一をとる煩雑さが理由だが、読んでみると確かに違和感を感ずるところも生じてしまった。非礼に響くとすればご容赦願いたい。また、日記のような正確な記録はなく、断片的な記憶や紙片が想起させる自分の意識の流れを重視して書いたので、お名前が登場する方々から見れば「事実と違う」と思われる個所があるかも知れないが、「私の意識の流れ」ということでご容赦を願う次第である。

最後に、本書の出版について今回もお世話になった青土社の菱沼達也氏にお礼を申し上げます。

二〇一九年六月

新緑に生命の再生を感じて　　佐藤文隆

著者　佐藤文隆（さとう・ふみたか）

1938年山形県鮎貝村（現白鷹町）生まれ。60年京都大理学部卒。京都大学基礎物理学研究所長、京都大学理学部長、日本物理学会会長、日本学術会議会員、湯川記念財団理事長などを歴任。1973年にブラックホールの解明につながるアインシュタイン方程式におけるトミマツ・サトウ解を発見し、仁科記念賞受賞。1999年に紫綬褒章、2013年に瑞宝中綬章を受けた。京都大学名誉教授、元甲南大学教授。

著書に『アインシュタインが考えたこと』（岩波ジュニア新書、1981）、『宇宙論への招待』（岩波新書、1988）、『物理学の世紀』（集英社新書、1999）、『科学と幸福』（岩波現代文庫、2000）、『職業としての科学』（岩波新書、2011）、『量子力学は世界を記述できるか』（青土社、2011）、『科学と人間』（青土社、2013）、『科学者には世界がこう見える』（青土社、2014）、『科学者、あたりまえを疑う』（青土社、2015）、『歴史のなかの科学』（青土社、2017）、『佐藤文隆先生の量子論』（講談社ブルーバックス、2017）、『量子力学が描く希望の世界』（青土社、2018）など多数。

ある物理学者の回想
湯川秀樹と長い戦後日本

2019年 7 月25日　第1刷印刷
2019年 8 月13日　第1刷発行

著　者　佐藤文隆

発行人　清水一人
発行所　青土社
東京都千代田区神田神保町1-29　市瀬ビル　〒101-0051
電話　03-3291-9831（編集）　03-3294-7829（営業）
振替　00190-7-192955

印刷・製本　双文社印刷

装　丁　今垣知沙子

ISBN978-4-7917-7191-2 C0040